Astrofizyka dla zabieganych

NEIL
DE GRASSE
TYSON

ASTROFIZYKA *dla* ZABIEGANYCH

przełożył
JEREMI K. OCHAB

insignis

Tytuł oryginału
Astrophysics for People in a Hurry

Rozdziały na podstawie esejów *Universe* w magazynie „Natural History". Rozdział 1: marzec 1998 – wrzesień 2003; rozdział 2: listopad 2000; rozdział 3: październik 2003; rozdział 4: czerwiec 1999; rozdział 5: czerwiec 2006; rozdział 6: październik 2002; rozdział 7: lipiec–sierpień 2002; rozdział 8: marzec 1997; rozdział 9: grudzień 2003 – styczeń 2004; rozdział 10: październik 2001; rozdział 11: luty 2006; rozdział 12: kwiecień 2007.

First published in USA

W. W. Norton & Company, Inc., 500 Fifth Avenue, New York, NY 10110
www.wwnorton.com

W. W. Norton & Company Ltd., 15 Carlisle Street, London W1D 3BS

Redakcja TOMASZ BRZOZOWSKI, MARIA BRZOZOWSKA

Korekta MARCIN PIĄTEK

Skład, polska wersja okładki i przygotowanie do druku
TOMASZ BRZOZOWSKI

Projekt oryginalnej okładki PETE GARCEAU

Kierownictwo artystyczne INGSU LIU

Zdjęcia i grafika na okładce © iStock.com

ISBN 978-83-65743-53-4

Insignis

Insignis Media, ul. Lubicz 17D/21–22, 31-503 Kraków
tel. +48 12 636 01 90
www.insignis.pl, e-mail: biuro@insignis.pl,
Facebook: @Wydawnictwo.Insignis
Twitter, Instagram, Snapchat: @insignis_media

Druk i oprawa

CPI Moravia Books s.r.o., www.cpi-moravia.com

Wyłączna dystrybucja

Firma Księgarska Olesiejuk, www.olesiejuk.pl

Wszystkim tym, którzy są zbyt zajęci,
aby czytać opasłe książki,
a mimo to szukają furtki do kosmosu

✷

Spis treści

Przedmowa 9

1 Najwspanialsza opowieść, jaką kiedykolwiek opowiedziano 15
2 Na Ziemi jako i w niebie 32
3 Niech stanie się światłość 45
4 Między galaktykami 58
5 Ciemna materia 71
6 Ciemna energia 90
7 Układ z kosmosem 111
8 O byciu krągłym 130
9 Niewidzialne światło 143
10 Między planetami 161
11 Egzoplaneta Ziemia 174
12 Refleksje nad perspektywą kosmiczną 189

Podziękowania 205
O Autorze 207

Przedmowa

Ostatnimi laty nie ma tygodnia bez wiadomości o nowym kosmicznym odkryciu, które nie byłoby godne nagłówka na całą szerokość strony. Może i redakcje zaczęły interesować się wszechświatem, ale większa ilość poświęcanego mu miejsca prawdopodobnie wynika głównie z autentycznego rozbudzenia apetytu na naukę w społeczeństwie. Dowodów na to nie brakuje – od hitów telewizyjnych, które opierają się na nauce lub są nią przeniknięte, do odnoszących sukcesy filmów science fiction znanych producentów i reżyserów, i to z gwiazdorskimi obsadami. Gatunkiem samym w sobie stały się też ostatnio biografie filmowe ważnych naukowców. Coraz większą popularnością w świecie cieszą się również festiwale nauki, konwenty science fiction i naukowe programy dokumentalne.

Najbardziej dochodowy film wszech czasów został nakręcony przez słynnego reżysera, który akcję umieścił na planecie krążącej wokół odległej gwiazdy. Nie mniej sławna aktorka gra w nim astrobiolożkę. I choć w rankingu popularności w ostatnich latach wysoko wspięła się większość gałęzi nauki, to szczyt podium uparcie zajmuje astrofizyka. Myślę, że wiem dlaczego. Każdy z nas spoglądał kiedyś w nocne niebo, zastanawiając się: jaki to wszystko ma sens? Jak to działa? I jakie jest moje miejsce we wszechświecie?

Jeśli jesteś zbyt zajęty, żeby chłonąć wiedzę o kosmosie na zajęciach, z podręczników czy programów dokumentalnych, lecz mimo wszystko poszukujesz zwięzłego, a przy tym rzeczowego wprowadzenia w tę tematykę, oddaję w twe ręce *Astrofizykę dla zabieganych*. Z tą cienką książką zaczniesz płynnie poruszać się w meandrach wszystkich głównych teorii i odkryć, które nadały tor współczesnemu sposobowi myślenia o wszechświecie. Jeśli mój zamiar się powiódł, dzięki *Astrofizyce dla zabieganych* będziesz doskonale obyty w dziedzinie, w której się specjalizuję, i może nawet rozbudzisz w sobie chęć na coś więcej.

Świat nie ma obowiązku
być dla ciebie zrozumiałym.

NDT

Astrofizyka
dla zabieganych

1

Najwspanialsza opowieść, jaką kiedykolwiek opowiedziano

[...] ta całość wszystkiego [...]
kiedy już raz na tory właściwe została pchnięta,
To utrzymała się na nich przez wielkich lat długi szereg.
Z nich wynika wszystko inne.

LUKRECJUSZ, *O naturze rzeczy*, ok. 50 r. p.n.e.*

Na początku, niemal czternaście miliardów lat temu, cała przestrzeń, cała materia i cała energia znanego nam świata zawierały się w objętości mniejszej niż jedna bilionowa część kropki stojącej na końcu tego zdania.

Było tam tak gorąco, że wszystkie oddziaływania podstawowe przyrody definiujące wszechświat były stopione w jedno, zunifikowane. Chociaż wciąż nie

* Tłum. Grzegorz Żurek; ostatni wers za angielskim przekładem Ronalda E. Lathama z 1951 roku.

wiadomo, jak zaistniał ten mniejszy od czubka szpilki kosmos, wiemy, że się rozszerzał – i to gwałtownie. Dziś nazywamy to Wielkim Wybuchem.

Dzięki ogólnej teorii względności, zaproponowanej przez Einsteina w 1916 roku, grawitację rozumiemy współcześnie jako wynik obecności materii i energii, które zakrzywiają tkankę otaczającej je przestrzeni i czasu. Odkryta w latach dwudziestych minionego wieku mechanika kwantowa pozwala nam natomiast opisywać wszystko, co małe: cząsteczki, atomy i cząstki subatomowe (wchodzące w skład atomów). Te dwa sposoby pojmowania świata formalnie są jednak nie do pogodzenia. Fizycy na wyścigi zaczęli więc szukać wspólnego opisu świata rzeczy małych i świata rzeczy ogromnych w ramach jednej spójnej teorii: kwantowej grawitacji. Chociaż nie dobiegliśmy jeszcze do mety, dokładnie wiemy, gdzie na drodze stoją trudne do pokonania przeszkody. Jedna z nich czeka w „erze Plancka" wczesnego wszechświata. Jest to okres pomiędzy $t=0$ a $t=10^{-43}$ sekundy (jednej dziesięcio-bilionowo-biliardowo-biliardowej sekundy), licząc od samego początku, czyli zanim świat urósł do rozmiarów 10^{-35} metra (jednej stu-miliardowo-bilionowo-bilionowej części metra). Niemiecki fizyk Max Planck, którego nazwisko noszą te niewyobrażalnie małe wielkości, w 1900 roku zaproponował koncepcję skwantowanej energii i jest powszechnie uznawany za ojca mechaniki kwantowej.

Niezgodność grawitacji i mechaniki kwantowej obecnemu wszechświatowi w praktyce nie sprawia kłopotu. Astrofizycy stosują założenia i narzędzia ogólnej teorii względności i mechaniki kwantowej do problemów należących do bardzo odmiennych kategorii. Jednakże na początku – podczas ery Plancka – to, co duże, było małe, podejrzewamy więc, że pomiędzy tym dwojgiem musiało dojść do swego rodzaju ślubu pod przymusem. Niestety słowa przysięgi wypowiedziane podczas tej ceremonii nadal się nam wymykają – żadne (znane) prawa fizyki nie opisują wiarygodnie zachowania wszechświata w tamtym czasie.

Niemniej przypuszczamy, że nim minęła era Plancka, grawitacja oswobodziła się z pozostałych – wciąż zespolonych ze sobą – oddziaływań, osiągając niezależną tożsamość nieźle opisywaną przez nasze obecne teorie. W miarę jak wszechświat starzał się przez kolejne 10^{-35} sekundy, rozszerzał się dalej, rozrzedzając wszystkie skupiska energii i rozprzęgając zunifikowane oddziaływanie, rozłamane już wówczas na „elektrosłabe" i „jądrowe silne". Jeszcze później oddziaływanie elektrosłabe rozdzieliło się na elektromagnetyczne i jądrowe słabe, obnażając cztery siły, które dziś dobrze znamy i kochamy: słabe – zawiadujące rozpadami radioaktywnymi, silne – spajające jądra atomowe, elektromagnetyczne – wiążące cząsteczki, i grawitacyjne – przyciągające do siebie wielkie bryły materii.

✷

Od początku upłynęła bilionowa część sekundy.

✷

Przez cały ten czas pomiędzy materią w postaci cząstek subatomowych i energią w postaci fotonów – bezmasowych nośników energii świetlnej, które w tej samej mierze są falami, co cząstkami – manifestował się nieustanny związek. Wszechświat był dostatecznie gorący, żeby cząstki światła – fotony – samoistnie zamieniały swoją energię w pary cząstek materii i antymaterii, które unicestwiając się (anihilując) praktycznie natychmiast, na powrót oddawały ją fotonom. Tak, antymateria istnieje naprawdę. To my ją odkryliśmy – nie pisarze science fiction. Te cudowne przeistoczenia są w pełni zadane najsłynniejszym równaniem Einsteina: $E=mc^2$. Jest to dwukierunkowy przepis na to, jak wiele materii warta jest energia i jak wiele energii warta jest materia. To c^2 jest prędkością światła podniesioną do kwadratu – olbrzymią liczbą, która, gdy przemnoży się przez nią masę, przypomina nam, ile energii rzeczywiście uzyskuje się w tej przemianie.

Nieco wcześniej, w trakcie rozstawania się sił elektrosłabych i silnych oraz niedługo po nim, wszechświat był kipiącą zupą kwarków, leptonów i ich antyrodzeństwa, a także bozonów – cząstek, które umożliwiały oddziaływania pomiędzy nimi. Uważa się, że żadnego przedstawiciela tych rodzin cząstek nie da się podzielić na nic mniejszego lub bardziej podstawowego. Każdy z nich ma za to kilka wariantów. Zwykły foton jest członkiem rodziny bozonów. Leptony najlepiej znane niefizykom to elektron i być może neutrino. Natomiast najbardziej swojskie kwarki to… na dobrą sprawę, nie ma takich. Każdemu z ich sześciu podgatunków przypisano abstrakcyjną nazwę, która nie ma żadnego faktycznego sensu filologicznego, filozoficznego czy pedagogicznego poza jednym – odróżnia jedne od drugich: górny i dolny, dziwny i powabny oraz niski i wysoki.

Bozony, nawiasem mówiąc, ochrzczone zostały od nazwiska hinduskiego naukowca Satyendry Natha Bosego. Słowo „lepton" wywodzi się od greckiego *leptos*, co znaczy „lekki" lub „mały". Natomiast proweniencji literackiej „kwark" to nazwa będąca owocem znacznie większej inwencji twórczej. Fizyk Murray Gell-Mann, który w 1964 roku postulował istnienie kwarków – sądził wtedy zresztą, że ich rodzina ma jedynie trzech członków – jako wewnętrznych składników neutronów i protonów, wywiódł tę nazwę z pewnego wersu *Finneganów trenu* Jamesa Joyce'a o znamiennie nieuchwytnym sensie: „Niech kwarki trzy ma Mark!"*. Trzeba przyznać, że kwarki mają jedną zaletę: ich nazwy są proste – jest to coś, czego chemicy, biolodzy, a zwłaszcza geolodzy nie potrafią, jak się zdaje, osiągnąć, nazywając własne znaleziska.

Kwarki to osobliwe stwory. W przeciwieństwie do protonów, posiadających ładunek elektryczny +1, i elektronów z ładunkiem –1, mają one ładunki ułamkowe, liczone w częściach trzecich. Nie da się też złapać kwarka samotnego – zawsze będzie kurczowo trzymał się towarzystwa sąsiadów. Co więcej, im bardziej odsuwa się kwarki od siebie, tym większa jest siła trzymająca je razem (dwa kwarki lub więcej) – jak gdyby spięte były jakiegoś rodzaju wewnątrzjądrową gumką recepturką. Gdy dostatecznie się je oddali, gumka pęka, a nagromadzona energia

* Tłum. Krzysztof Bartnicki.

przyzywa równanie $E=mc^2$, powodując wytworzenie w miejsce pęknięcia dwóch kolejnych kwarków, przez co wraca się do punktu wyjścia.

W erze kwarkowo-leptonowej gęstość wszechświata była wystarczająca, żeby przeciętna odległość pomiędzy niepołączonymi kwarkami była konkurencyjna wobec odległości ich spiętych gumką pobratymców. W takich warunkach niemożliwe było trwałe związanie się sąsiadujących kwarków, poruszały się więc pomiędzy sobą swobodnie, pomimo ich zbiorowego sprzęgnięcia. O odkryciu tego stanu materii – swoistej kwarkowej mikstury w kotle – po raz pierwszy doniósł w 2002 roku zespół fizyków z Brookhaven National Laboratory z Long Island w Nowym Jorku.

Istnieją mocne teoretyczne przesłanki wskazujące, że w bardzo wczesnym wszechświecie, być może podczas jednego z podziałów oddziaływań, pewne zdarzenie pozostawiło nam w spadku niezwykłą asymetrię dającą cząstkom materii liczebną przewagę nad antymaterią – w stosunku miliard plus jeden do miliarda. Ta mała różnica pogłowia była niemal niezauważalna przy ciągłej kreacji, anihilacji i ponownym stwarzaniu kwarków i antykwarków, elektronów i antyelektronów (szerzej znanych jako pozytony) oraz neutrin i antyneutrin. Taki nadkomplet miał mnóstwo okazji, by znaleźć kogoś, z kim mógłby się unicestwić, tak samo zresztą jak wszyscy pozostali.

Jednak do czasu. Gdy kosmos nadal rozszerzał się i ochładzał, rosnąc do rozmiarów większych od Układu Słonecznego, jego temperatura prędko spadła poniżej biliona kelwinów.

✷

Od początku upłynęła milionowa część sekundy.

✷

Taki letni wszechświat nie był już dość gorący ani gęsty, żeby kwarki w nim wrzały, pochwyciły więc swoich tanecznych partnerów i stworzyły nową rodzinę ciężkich cząstek zwanych hadronami (od greckiego *hadros*, co znaczy „gruby"). Przejście kwarkowo-hadronowe szybko zaowocowało pojawieniem się protonów i neutronów, jak również innych, mniej znanych ciężkich cząstek, złożonych z rozmaitych kombinacji kwarków. W Szwajcarii (zejdźmy na chwilę na Ziemię) europejskie konsorcjum fizyków cząstek elementarnych* korzysta z wielkiego akceleratora do zderzania ze sobą wiązek hadronów,

* Europejska Organizacja Badań Jądrowych, lepiej znana pod akronimiczną nazwą CERN.

usiłując odtworzyć właśnie takie warunki. To największe urządzenie na świecie całkiem adekwatnie nazywa się Wielkim Zderzaczem Hadronów (LHC, z ang. Large Hadron Collider).

Ta drobna asymetria pomiędzy materią a antymaterią, która namieszała w kwarkowo-leptonowej zupie, przeszła teraz na hadrony. Jednakże przyniosła ze sobą nadzwyczajne skutki.

Im bardziej wszechświat się ochładzał, tym bardziej spadała ilość energii dostępnej do samoistnego tworzenia się cząstek elementarnych. W erze hadronów otaczające je fotony nie mogły już powoływać się na równanie $E=mc^2$, by kreować pary kwark–antykwark. Co więcej, fotony powstałe we wszystkich pozostałych anihilacjach utraciły energię na rzecz stale rosnącego wszechświata. Ich energia znalazła się poniżej progu, którego przekroczenie jest wymagane, żeby stworzyć parę hadron–antyhadron. Na każdy miliard anihilacji – i miliard pozostawionych w ślad za nimi fotonów – przeżył jeden hadron. Ostatecznie to te samotniki spijają całą śmietankę, służąc za pierwotne źródło materii tworzącej galaktyki, gwiazdy, planety i petunie.

Bez tego niezrównoważonego stosunku materii i antymaterii – miliard jeden do miliarda – cała masa we wszechświecie unicestwiłaby się, pozostawiając kosmos wypełniony fotonami i niczym poza nimi – oto ekstremalna wersja scenariusza pod tytułem „niech stanie się światłość".

✷

Upłynęła dotąd jedna sekunda.

✷

Wszechświat rozrósł się wszerz na kilka lat świetlnych*, czyli mniej więcej na odległość pomiędzy Słońcem a najbliższą sąsiadującą z nim gwiazdą. Mając miliard stopni, ciągle jest koszmarnie gorący – i wciąż może wytworzyć elektrony, które wraz ze swoimi antymaterialnymi odpowiednikami (pozytonami) nieustannie powstają i znikają. W tym stale rozszerzającym się i stygnącym wszechświecie ich dni (a w zasadzie sekundy) są jednak policzone. To, co stało się udziałem kwarków, a następnie hadronów, przytrafiło się też elektronom: w końcu ocalał tylko jeden elektron na miliard. Pozostałe uległy anihilacji ze swoimi kompanami, pozytonami w morzu fotonów.

* Rok świetlny to odległość, jaką przemierza światło w jeden ziemski rok – blisko dziesięć bilionów kilometrów.

Mniej więcej w tym czasie na każdy proton przypada jeden „zakrzepły" w swym bycie elektron. W miarę stygnięcia kosmosu, którego temperatura zeszła już poniżej stu milionów stopni, protony spajają się ze sobą oraz z neutronami, przybierając postać jąder atomowych. Wykluwa się wszechświat, w którym dziewięćdziesiąt procent materii to jądra wodoru, a dziesięć procent – jądra helu oraz śladowe ilości deuteru („ciężkiego" wodoru), trytu (jeszcze cięższego wodoru) oraz litu.

✷

Od początku upłynęły już dwie minuty.

✷

Przez następne 380 000 lat w naszej cząsteczkowej zupie działo się będzie niezbyt wiele. Przez te tysiąclecia utrzymywała się wystarczająco wysoka temperatura, żeby elektrony mogły swobodnie włóczyć się pośród fotonów i w ramach oddziaływania z nimi odbijać je w tę i z powrotem.

Kres tej wolności przyszedł nagle – gdy temperatura wszechświata spadła poniżej 3000 kelwinów (czyli około połowy temperatury powierzchni Słońca) i wszystkie swobodne elektrony przyłączyły się do jąder. Mariaż ten skąpał w świetle widzialnym cały świat, pozostawiając na niebie niezatarty ślad zawierający zapis rozmieszczenia wszelkiej materii, jaka istniała w tamtej chwili. Tak ukończone zostało formowanie się cząstek i atomów pierwotnego wszechświata.

*

Przez pierwszy miliard lat, w miarę jak wszechświat nadal rozszerzał się i stygł, materia ciążyła ku sobie, tworząc potężne zagęszczenia, które nazywamy galaktykami. Powstało ich blisko sto miliardów – a każda zawiera sto miliardów gwiazd, których centra są miejscem fuzji termojądrowej. Gwiazdy o masach około dziesięciokrotnie większych od Słońca osiągają w swoich jądrach dostatecznie wysokie ciśnienie i temperaturę, żeby móc produkować dziesiątki pierwiastków cięższych niż wodór, w tym takie, z których zbudowane są planety i wszelkie mogące na nich rozkwitnąć formy życia.

Pierwiastki te byłyby wyjątkowo nieprzydatne, gdyby miały pozostać w miejscu powstania. Na całe szczęście gwiazdy o dużej masie wybuchają, rozsiewając swe użyźnione chemicznie wnętrzności po galaktykach. Po dziewięciu miliardach lat takiego wzbogacania w niczym niewyróżniającej się części wszechświata (na peryferiach Supergromady w Pannie), w niczym niewyróżniającej się galaktyce (Drodze Mlecznej), w niczym niewyróżniającym się jej obszarze (Ramieniu Oriona) narodziła się niczym niewyróżniająca się gwiazda (Słońce).

Chmura gazu, z której powstało Słońce, zawierała dostateczne zasoby pierwiastków ciężkich, aby pozlepiać się, rodząc skomplikowaną zbieraninę krążących obiektów, w tym kilka skalistych i gazowych planet, setki tysięcy asteroid i miliardy komet. Przez pierwsze kilkaset milionów lat ogromne ilości szczątków materii pozostałych na przygodnych orbitach opadały na większe ciała niebieskie. Proces ten, zwany akrecją, przybierał postać zderzeń o dużej prędkości i energii, które roztapiały powierzchnie skalistych planet, uniemożliwiając powstawanie na nich złożonych cząsteczek.

W miarę jak w Układzie Słonecznym ubywało dającej się ściągnąć materii, powierzchnie planet zaczęły się ochładzać. Ta nazywana Ziemią ukształtowała się w obrębie otaczającej Słońce ekosfery*, w której oceany w większej mierze pozostają ciekłe. Gdyby

* Po angielsku zwanej „strefą Złotowłosej" od popularnej brytyjskiej baśni *Złotowłosa i trzy niedźwiadki*, w której trzecia miska owsianki nie była ani za ciepła, ani za zimna, lecz w sam raz dla Złotowłosej (przyp. tłum).

Ziemia znajdowała się znacznie bliżej Słońca, oceany wyparowałyby. Gdyby znajdowała się znacznie dalej, oceany zamarzłyby. Ani w jednym, ani w drugim wypadku znane nam formy życia nie miałyby szans wyewoluować.

W ciekłych, bogatych w związki morzach cząsteczki organiczne za pomocą nieodkrytego jeszcze mechanizmu przeszły do stadium samopowielającego się życia. Pierwotną zupę zdominowały bakterie beztlenowe – organizmy, które rozwijając się w pozbawionym tlenu środowisku, wydzielały jako produkt uboczny urodzajny tlen. Te wczesne, jednokomórkowe formy życia bezwiednie przekształciły ziemską atmosferę z bogatej w dwutlenek węgla w taką, która miała dość tlenu, żeby mogły się pojawić organizmy tlenowe i opanować lądy i morza. Atomy tlenu, zwykle występujące w parach (O_2), łączyły się również po trzy, tworząc ozon (O_3). W górnej warstwie atmosfery uformował on tarczę chroniącą powierzchnię Ziemi przed większością nieprzyjaznych dla molekuł ultrafioletowych fotonów ze Słońca.

Niezwykłą różnorodność form życia na Ziemi (i przypuszczalnie w innych zakątkach wszechświata) zawdzięczamy kosmicznej obfitości węgla oraz niezliczonym prostym i złożonym molekułom, które go zawierają. Co do tego nie ma wątpliwości: istnieje więcej rozmaitych cząsteczek opartych na węglu niż wszystkich innych razem wziętych.

A jednak życie jest kruche. Bliskie spotkania Ziemi z dużymi zbłąkanymi kometami i asteroidami – zdarzenia niegdyś częste – raz na jakiś czas sieją spustoszenie w naszym ekosystemie. Zaledwie sześćdziesiąt pięć milionów lat temu (to mniej niż dwa procent ziemskiej przeszłości) planetoida o masie dziesięciu bilionów ton uderzyła w miejsce dzisiejszego Jukatanu i unicestwiła ponad siedemdziesiąt procent ziemskiej flory i fauny – wliczając w to te wszystkie słynne olbrzymie dinozaury. Wymieranie. Ten kataklizm pozwolił naszym ssaczym przodkom zająć dopiero co zwolnione nisze ekologiczne, dzięki czemu przestali służyć za przystawki tyranozaurom. Jedna gałąź tychże ssaków, ta o dużych mózgach, której przedstawicieli zwiemy naczelnymi, wykształciła rodzaj i gatunek (*Homo sapiens*) wykazujący się dostateczną inteligencją, by wynaleźć metody i narzędzia nauki – oraz by dociec początku i ewolucji wszechświata.

✷

Co działo się przed tym wszystkim? Co stało się przed początkiem?

Astrofizycy nie mają pojęcia. A raczej należałoby powiedzieć, że nasze najbardziej pomysłowe teorie mają małe oparcie w nauce doświadczalnej lub wręcz nie mają go wcale. Wobec powyższego wierzący twierdzą, nie całkowicie bez słuszności, że początek temu wszystkiemu musiało dać „coś": siła większa niż wszystkie inne, źródło, z którego wszystko wypływa – jakaś moc sprawcza. W przekonaniu takich osób tym czymś jest oczywiście Bóg.

A jeśli wszechświat istniał od zawsze, tyle że w stanie, którego jeszcze nie określiliśmy – na przykład w wieloświecie ustawicznie rodzącym kolejne światy? A może wszechświat po prostu nagle zaistniał z niczego? A gdyby wszystko, co znamy i kochamy, okazało się tylko symulacją komputerową prowadzoną ku własnej uciesze przez jakichś superinteligentnych kosmitów?

Te zabawne z filozoficznego punktu widzenia pomysły zwykle nikogo nie zadowalają. Przypominają nam jednak, że niewiedza jest naturalnym stanem umysłu naukowca. Ludzie, którzy uważają, że wszystko wiedzą, nigdy nie potknęli się o granicę pomiędzy tym, co we wszechświecie znane i nieznane. Nawet jej nie szukali.

Wiemy natomiast i możemy stwierdzić to bez wahania: wszechświat miał początek. Kosmos ciągle ewoluuje. I owszem, każdy atom naszego ciała ma swoją przyczynę w Wielkim Wybuchu i w termojądrowych piecach masywnych gwiazd, które eksplodowały ponad pięć miliardów lat temu.

Jesteśmy gwiezdnym pyłem, w który tchnięto życie i który został upełnomocniony przez wszechświat do jego zrozumienia – i zaledwie zaczęliśmy z tego korzystać.

2

Na Ziemi jako i w niebie

Dopóki sir Isaac Newton nie zapisał prawa powszechnego ciążenia, nikt nie miał powodów, by sądzić, że tutejsze prawa fizyki są takie same jak w reszcie wszechświata. Ziemia i ziemskie sprawy sobie, a niebiosa i ich sprawy sobie. Zgodnie z chrześcijańskim nauczaniem tamtych czasów niebem władał Bóg, a zatem było ono niepoznawalne dla naszych ograniczonych, śmiertelnych umysłów. Gdy Newton zrobił wyłom w tej barierze filozoficznej, sprawiając, że wszystkie ruchy stały się zrozumiałe i przewidywalne, niektórzy teologowie zarzucili mu, że nie zostawił Stwórcy nic do roboty. Newton pojął, że siła grawitacji, zrywająca jabłka w sadzie, wodzi również po zakrzywionych torach rzucane przedmioty i utrzymuje Księżyc na orbicie wokół Ziemi. Prawo ciążenia Newtona kieruje też krążeniem planet, planetoid i komet wokół Słońca oraz reguluje ruch setek miliardów gwiazd w Drodze Mlecznej.

Powszechność praw fizycznych napędza odkrycia naukowe jak nic innego, a grawitacja to był tylko początek. Jakież musiało być podniecenie dziewiętnastowiecznych astronomów, gdy laboratoryjne pryzmaty, rozszczepiające promienie światła w widmo (spektrum) barw, po raz pierwszy skierowano ku Słońcu. Widma są nie tylko piękne, ale zawierają też mnóstwo informacji o obiektach emitujących światło, w tym o ich temperaturze i składzie. Rozcinające je niepowtarzalne układy jasnych lub ciemnych linii to przejaw obecności pierwiastków chemicznych. Ku ludzkiemu zdumieniu i zachwytowi chemiczne wizytówki Słońca były takie same jak te w laboratorium. Pryzmat – już teraz niezarezerwowany wyłącznie dla chemików – pokazał, że Słońce i Ziemia, pomimo różnic w rozmiarze, masie, temperaturze, położeniu i wyglądzie, składają się z tej samej materii: wodoru, węgla, tlenu, azotu, wapnia, żelaza i tak dalej. Ważniejsze jednak niż nasza litania wspólnych składników było uznanie, że prawa fizyki odpowiedzialne za powstanie spektralnych wizytówek Słońca są takie same jak prawa działające na oddalonej o sto pięćdziesiąt milionów kilometrów Ziemi.

Pojęcie uniwersalności okazało się tak płodne, że z powodzeniem zastosowano je w drugą stronę. W wyniku dalszej analizy widma Słońca odkryto układ linii pierwiastka, który nie miał ziemskiego odpowiednika. Ze względu na miejsce występowania nowa substancja otrzymała nazwę pochodzącą od greckiego słowa *helios* („Słońce"); dopiero później zidentyfikowano ją również w laboratorium. W ten oto sposób hel stał się pierwszym i jedynym pierwiastkiem układu okresowego, który odkryto poza Ziemią.

No dobrze, prawa fizyki działają w Układzie Słonecznym, ale czy również w reszcie Galaktyki? W całym wszechświecie? Przez cały czas? Testowaliśmy je krok po kroku. Pobliskie gwiazdy również wykazały obecność znanych substancji chemicznych. Odległe, wzajemnie okrążające się gwiazdy podwójne też najwyraźniej wiedzą wszystko o prawie ciążenia Newtona. Ustaliliśmy również, że znają je też podwójne układy galaktyk.

I podobnie jak geolodzy odmierzają czas ziemskich zdarzeń uwarstwionymi osadami, tak i my – im dalej patrzymy w przestrzeń kosmiczną, tym bardziej cofamy się w czasie. Widma najdalszych obiektów we wszechświecie zawierają te same wizytówki chemiczne, które widzimy blisko w przestrzeni i niedawno w czasie. To prawda, ilość ciężkich pierwiastków nie była dawniej tak duża jak obecnie – produkowane są one przede wszystkim w wybuchach kolejnych pokoleń gwiazd – ale prawa opisujące atomowe i cząsteczkowe procesy odpowiedzialne za obserwowane widma pozostają w mocy. W szczególności wielkość znana jako stała struktury subtelnej, warunkująca „odciski palców" wszystkich pierwiastków, musiała pozostać niezmienna przez miliardy lat.

Oczywiście nie wszystkie obiekty i zjawiska w kosmosie mają swoje odpowiedniki na Ziemi. Raczej nie zdarzyło ci się przechodzić przez obłok jarzącej się w temperaturze miliona stopni plazmy i założę się, że nigdy nie witałeś się na ulicy z czarną dziurą. Liczy się jednak powszechność praw fizycznych, które je opisują. Kiedy analizę spektralną po raz pierwszy zastosowano do światła emitowanego przez międzygwiezdne mgławice, odkryto widmo, które – podobnie jak to było z helem – nie miało ziemskiego odpowiednika. W układzie okresowym nie było wtedy oczywistego miejsca, w które mógłby wpasować się nowy pierwiastek. W tej sytuacji astrofizycy przyjęli prowizoryczną nazwę „nebulium", do czasu aż będą w stanie ustalić, w czym rzecz. Jak się okazało, w przestrzeni kosmicznej mgławice gazowe są tak rozrzedzone, że atomy mogą przemieszczać się na spore odległości, nie zderzając się ze sobą. W takich warunkach elektrony potrafią robić z atomami rzeczy, jakich nigdy nie uświadczono w ziemskich laboratoriach. Wizytówka nebulium była po prostu przejawem istnienia zwykłego tlenu zachowującego się w niezwykły sposób.

Uniwersalność praw fizyki mówi nam, że jeżeli wylądujemy na jakiejś planecie z prosperującą cywilizacją obcych, będą oni funkcjonować w oparciu o te same prawa, które odkryliśmy i sprawdziliśmy tu, na Ziemi – nawet jeśli kosmici żywią odmienne przekonania społeczne czy polityczne. Co więcej, gdybyśmy chcieli z nimi porozmawiać, można iść o zakład, że nie mówią po angielsku, francusku czy nawet chińsku. Nie wiedzielibyśmy też, czy uścisk dłoni – jeśli rzeczywiście ich wyciągnięta kończyna byłaby dłonią – zostanie uznany za akt wrogości czy przyjaźni. Najlepsze, co można zrobić, to znaleźć sposób na porozumiewanie się za pomocą języka nauki

Próby takiej dokonano w latach siedemdziesiątych XX wieku, wysyłając sondy Pioneer 10 i 11 oraz Voyager 1 i 2. Wszystkim czterem zapewniono wystarczająco dużo energii, aby – po asyście grawitacyjnej planet olbrzymów – całkowicie opuściły Układ Słoneczny.

Pioneerom przypięto złoconą grawerowaną tabliczkę ukazującą na naukowych piktogramach plan Układu Słonecznego, nasze położenie w Drodze Mlecznej oraz budowę atomu wodoru. Twórcy Voyagera poszli dalej i dołączyli do niego jeszcze pozłacaną płytę z nagraniami rozmaitych odgłosów z naszej macierzystej planety, w tym bicie ludzkiego serca, pieśni wielorybów oraz wybór muzyki z całego świata, włączając w to utwory Beethovena i Chucka Berry'ego. Choć nadało to wiadomości bardziej ludzki charakter, nie jest jasne, czy uszy kosmitów poznałyby się na tym wszystkim – zakładając, że kosmici w ogóle mają uszy. Moją ulubioną parodią tego przedsięwzięcia był skecz w programie *Saturday Night Live* telewizji NBC niedługo po wystrzeleniu Voyagera, w którym pokazano pisemną odpowiedź od obcych, nadaną przez nich po przechwyceniu sondy. Wiadomość ta brzmiała: „Wyślijcie więcej Chucka Berry'ego".

Nauce służy nie tylko powszechność praw fizyki, ale też istnienie i niezmienność stałych fizycznych. Stała grawitacyjna, większości naukowców znana jako *G*, jest w równaniu Newtona miarą siły ciążenia. Jej niezmienność sprawdziliśmy w sposób jednoznaczny na przestrzeni eonów. Z obliczeń wynika bardzo silna zależność jasności gwiazdy od wartości *G*. Innymi słowy, gdyby wartość stałej grawitacji w przeszłości choćby delikatnie się zmieniała, emitowana przez Słońce energia byłaby o wiele bardziej zmienna, niż wskazują na to jakiekolwiek dane biologiczne, klimatologiczne czy geologiczne.

Tak jednorodny jest nasz wszechświat.

✷

Spośród wszystkich stałych najbardziej znana jest prędkość światła. Nieważne jak szybko się coś porusza, nigdy nie prześcignie światła. Dlaczego? Żaden eksperyment nigdy przenigdy nie wykazał istnienia obiektu w jakiejkolwiek postaci, który przekroczyłby prędkość światła. Ten fakt przewidują i wyjaśniają gruntownie sprawdzone prawa fizyki. Zdaję sobie sprawę, że te stwierdzenia sprawiają wrażenie zbyt kategorycznych. Pośród najbardziej idiotycznych umocowanych naukowo oświadczeń pojawiających się w przeszłości były takie, które nie doceniły pomysłowości wynalazców i konstruktorów: „Nigdy nie będziemy latać", „Latanie nigdy nie będzie opłacalne", „Nigdy nie rozbijemy atomu", „Nigdy nie przekroczymy bariery dźwięku", „Nigdy nie polecimy na Księżyc". Mają one tę wspólną cechę, że żadne sprawdzone prawo fizyki nie stało na drodze w realizacji tych przedsięwzięć.

Twierdzenie, że „nigdy nie prześcigniemy światła", jest prognozą jakościowo odmienną. Wypływa ono z podstawowych zasad fizycznych, które przetrwały próbę czasu. Na znakach ograniczenia prędkości dla międzygwiezdnych podróżników z całkowicie uzasadnionych powodów będzie w przyszłości napisane:

> Prędkość światła.
> To nie tylko dobry pomysł,
> to prawo.

W przeciwieństwie do ograniczeń prędkości na ziemskich drogach prawa fizyki mają to do siebie, że nie potrzebują egzekwujących je organów porządkowych (choć miałem kiedyś koszulkę dla nerdów, głoszącą: „PRZESTRZEGAJ PRAWA POWSZECHNEGO CIĄŻENIA").

Wszystkie pomiary wskazują na to, że znane nam stałe uniwersalne – oraz odnoszące się do nich prawa fizyki – nie są zależne ani od czasu, ani od miejsca. Są naprawdę stałe i uniwersalne.

✷

Cały szereg zjawisk naturalnych jest przejawem wielu praw fizyki działających równocześnie. Z tego powodu analiza tych zjawisk jest często bardzo skomplikowana i w większości wypadków wymaga komputerów o dużej mocy obliczeniowej. Gdy w lipcu 1994 roku kometa Shoemaker–Levy 9 dała nura w gęstą atmosferę Jowisza, po czym wybuchła, najdokładniejszy opisujący to zdarzenie model komputerowy łączył prawa mechaniki płynów, termodynamiki, kinematyki i grawitacji. Klimat i pogoda stanowią inne sztandarowe przykłady zjawisk złożonych (i trudnych do przewidzenia), choć rządzą się tymi samymi podstawowymi prawami. Wielka Czerwona Plama na Jowiszu, rozszalały antycyklon, który świetnie się trzyma od przynajmniej 350 lat, napędzany jest identycznymi procesami fizycznymi jak te, które wytwarzają burze na Ziemi i na innych planetach Układu Słonecznego.

Inna klasa prawd uniwersalnych to zasady zachowania, które mówią o tym, że pewna mierzona wielkość pozostaje niezmieniona, co by się nie działo. Trzy najważniejsze zasady to: zachowanie masy i energii, zachowanie pędu i momentu pędu oraz zachowanie ładunku elektrycznego. Prawa te są widoczne na Ziemi i wszędzie, gdzie tylko przyszło nam do głowy spojrzeć – od królestwa cząstek elementarnych po wielkoskalową konstrukcję wszechświata.

Pomimo tych przechwałek w raju nie wszystko jest idealne. Okazuje się bowiem, że nie potrafimy zobaczyć, dotknąć ani skosztować źródła 85% zmierzonej przez nas grawitacji we wszechświecie. Ta tajemnicza „ciemna materia", która jest niewykrywalna w inny sposób niż tylko poprzez przyciąganie grawitacyjne, jakie wywiera na widzialną dla nas materię, może się składać z egzotycznych, jeszcze nieodkrytych i niezidentyfikowanych cząstek. Niewielka część astrofizyków nie jest jednak do tego pomysłu przekonana i postuluje, że ciemnej materii nie ma i że trzeba tylko zmodyfikować prawo powszechnego ciążenia Newtona: dodać do równań kilka wyrazów i wszystko znów będzie w należytym porządku.

Może kiedyś się przekonamy, że newtonowska grawitacja jednak wymaga poprawek. Nic w tym złego. Już raz tak się stało. Ogólna teoria względności Einsteina z 1916 roku rozszerzyła zasady newtonowskiego ciążenia w taki sposób, by stosowało się również do obiektów o wyjątkowo dużej masie. W tym zakresie prawo powszechnego ciążenia załamuje się, o czym Newton nie wiedział. Wniosek z tego taki, że nasza pewność obejmuje tylko ten zakres warunków, w których dane prawo zostało przetestowane i zweryfikowane. Im szerszy ten zakres, tym potężniejszym narzędziem dysponujemy. Prawo powszechnego ciążenia z naszą „przydomową" grawitacją radzi sobie zupełnie dobrze. To ono wyniosło nas na Księżyc i sprowadziło bezpiecznie na Ziemię w 1969 roku. Ale do opisu czarnych dziur i wielkoskalowej struktury wszechświata potrzebujemy już ogólnej teorii względności. Jeśli zaś do równań Einsteina podstawimy małe masy i prędkości, wzorowo przejdą one we wzory Newtona – tym większy powód, by nabrać pewności, że faktycznie rozumiemy to, co twierdzimy, że rozumiemy.

*

Powszechność praw fizyki powoduje, że kosmos jest dla naukowca cudownie prostym miejscem. W porównaniu z nim ludzka natura – domena psychologów – jest nieskończenie razy większą katorgą. W Stanach Zjednoczonych przedmioty, których ma się uczyć w szkołach, wybierane są przez kuratoria. W pewnych wypadkach głosowanie odbywa się wedle kapryśnych tendencji kulturowych, politycznych czy religijnych. Na całym świecie odmienne schematy przekonań prowadzą do konfliktów politycznych, które nie zawsze rozwiązywane są pokojowo. Prawa fizyczne obowiązują wszędzie, niezależnie od tego, czy się w nie wierzy czy nie – na tym właśnie polega ich siła i piękno.

Innymi słowy, przy prawach fizyki wszystko inne to opinia.

Nie żeby naukowcy się nie spierali – spieramy się, i to często. Kiedy jednak to robimy, zwykle wyrażamy opinie na temat interpretacji niewystarczających lub nieczytelnych danych pochodzących z granic naszego poznania. Gdziekolwiek i kiedykolwiek ktoś w argumentacji powoła się na prawo fizyki, mamy gwarancję, że dyskusja będzie krótka: „Nie, ten pomysł na perpetuum mobile nigdy nie zadziała – to łamie sprawdzone prawa termodynamiki". „Nie, nie uda się zbudować wehikułu czasu, który pozwoliłby zabić matkę, zanim nas urodziła – to łamie prawa przyczynowości". „Nie łamiąc praw zachowania pędu, nie można nagle zacząć lewitować bez względu na to czy siedzi się w pozycji lotosu, czy nie"*.

Znajomość praw fizyki dodaje w pewnych sytuacjach pewności siebie pozwalającej skonfrontować się

* W zasadzie dałoby się wykonać taką akrobację, jeśli tylko ktoś byłby w stanie wypuszczać z siebie potężne i nieprzerwane wiatry.

z gburowatymi ludźmi. Kilka lat temu w Pasadenie w Kalifornii zamówiłem w cukierni gorące kakao na dobry sen, oczywiście z bitą śmietaną. Kiedy znalazło się przede mną na stole, nie było w nim ani śladu śmietany. Powiedziałem o tym kelnerowi, a on na to, że jej nie widzę, bo opadła na dno. Ale przecież bita śmietana ma małą gęstość i unosi się na powierzchni każdego spożywanego przez ludzi płynu. Zaproponowałem więc kelnerowi dwa możliwe wytłumaczenia: albo ktoś zapomniał dodać bitej śmietany do mojego napoju, albo prawa fizyki w jego lokalu tracą uniwersalność. Nieprzekonany kelner, żeby dowieść swoich racji, bezczelnie przyniósł porcję bitej śmietany. Zakołysawszy się raz czy dwa, śmietana wypłynęła na powierzchnię i spokojnie się na niej unosiła.

Jakiego jeszcze można chcieć dowodu na uniwersalność praw fizyki?

3

Niech stanie się światłość

Po Wielkim Wybuchu kosmos zajęty był głównie rozszerzaniem się, któremu towarzyszyło nieustanne zmniejszanie gęstości energii wypełniającej jego przestrzeń. Z każdą minioną chwilą stawał się nieco większy, nieco chłodniejszy i nieco ciemniejszy. Tymczasem materia i energia zamieszkiwały wspólnie rodzaj mętnej zupy, w której elektrony z wolnego wybiegu nieprzerwanie i w każdym kierunku rozpraszały fotony.

Ciągnęło się to przez 380 000 lat.

W tej wczesnej epoce fotony nie były w stanie daleko zalecieć, nim napotkały jakiś elektron. Gdybyśmy wtedy postawili sobie za cel przejrzeć wszechświat na wylot, nie bylibyśmy w stanie. Wszystkie wykryte fotony byłyby odchylane przez jakiś elektron tuż przed naszym nosem, zaledwie nano- czy pikosekundy* wcześniej. Ponieważ była to najkrótsza odległość, jaką mogła przebyć informacja przed dotarciem do naszych oczu, cały wszechświat, gdzie nie spojrzeć, był zwyczajnie jarzącą się, nieprzejrzystą mgłą. Słońce i wszystkie inne gwiazdy też się tak zachowują.

W miarę obniżania się temperatury cząsteczki poruszają się coraz wolniej. Zatem właśnie wtedy – gdy temperatura spadła w końcu poniżej trzech tysięcy kelwinów – w rozgrzanym do czerwoności wszechświecie elektrony zwolniły dostatecznie, żeby dać się wychwycić mijającym je protonom, sprowadzając tym samym na świat pełnoprawne atomy. Pozwoliło to dręczonym wcześniej fotonom wyjść na wolność i poruszać się po wszechświecie bez żadnych przeszkód.

Fotony te tworzą obecnie „kosmiczne tło", które jest ucieleśnieniem resztek światła z wczesnego, oślepiającego i skwierczącego wszechświata. Temu kosmicznemu tłu można przypisać temperaturę, badając, z jakiej części widma pochodzi większość tworzących je fotonów. Gdy kosmos dalej się oziębiał, fotony zrodzone w paśmie widzialnym oddały energię

* Jedna nanosekunda to miliardowa część sekundy. Jedna pikosekunda to bilionowa część sekundy.

rozszerzającemu się wszechświatowi i w końcu płynnie zjechały w dół spektrum, stając się fotonami podczerwieni. Mimo że fotony światła widzialnego miały coraz niższą energię, nigdy nie przestały być fotonami.

Co mamy dalej w widmie tła? Od czasu uwolnienia fotonów do dziś wszechświat zdążył się rozszerzyć tysiąckrotnie, a co za tym idzie, kosmiczne tło również jest tysiąc razy zimniejsze. Wszystkie fotony światła widzialnego z tamtej ery mają obecnie jedną tysięczną początkowej energii. Są teraz mikrofalami – stąd właśnie wzięło się określenie „mikrofalowe promieniowanie tła". W takim tempie za pięćdziesiąt miliardów lat astrofizycy będą pisać o radiofalowym promieniowaniu tła.

Kiedy coś świeci z gorąca, wysyła światło we wszystkich częściach widma, ale zawsze w którejś z nich osiąga maksimum. Zwykłe żarówki, które wciąż korzystają ze świecących metalowych żarników, szczyt emisji fotonów osiągają w podczerwieni, co jest zresztą największym powodem braku ich wydajności jako źródła światła widzialnego. Naszymi zmysłami podczerwień wyczuwamy wyłącznie jako ciepło na skórze. LED-y, które zrewolucjonizowały nowoczesne oświetlenie, produkują czyste światło widzialne bez marnowania mocy na niewidzialne części widma. To dlatego na ich opakowaniach można przeczytać takie z pozoru absurdalne informacje: „7-watowa żarówka LED zastępuje żarówkę tradycyjną o mocy 60 W".

Jako pozostałość po czymś niegdyś tak jasno rozjarzonym promieniowanie tła ma profil, którego spodziewamy się po promieniującym, lecz oziębiającym się obiekcie: w pewnym zakresie widma osiąga maksimum emisji fotonów, ale emituje je również w pozostałych jego częściach. Poza mikrofalowym szczytem emisji wysyła również trochę fal radiowych oraz znikomą liczbę fotonów o większej energii.

W połowie XX wieku poddziedzina astrofizyki – kosmologia (nie mylić z kosmetologią) – nie dysponowała zbyt wieloma danymi. A gdzie mało danych, tam nie brakuje konkurujących ze sobą, pomysłowych teorii i pobożnych życzeń. Istnienie mikrofalowego promieniowania tła zostało przewidziane przez urodzonego w Rosji amerykańskiego fizyka George'a Gamowa oraz jego współpracowników w latach czterdziestych ubiegłego wieku. Fundament dla tej koncepcji położył w 1927 roku belgijski fizyk i ksiądz Georges Lemaître, powszechnie uznany za „ojca" kosmologii Wielkiego Wybuchu. Jednak dopiero amerykańscy fizycy Ralph Alpher i Robert Herman w 1948 roku pierwsi oszacowali, jaka powinna być temperatura promieniowania reliktowego. Obliczenia oparli na trzech filarach: (1) ogólnej teorii względności Einsteina z 1916 roku, (2) odkryciu Edwina Hubble'a z 1929 roku, że wszechświat się rozszerza oraz (3) fizyce atomowej rozwiniętej w laboratoriach przed rozpoczęciem i w trakcie Projektu Manhattan, który doprowadził do zbudowania bomb atomowych w czasie II wojny światowej.

Herman i Alpher wyliczyli i zaproponowali temperaturę 5 kelwinów. Ich wynik okazał się błędny. Dokładnie zmierzona temperatura mikrofalowego promieniowania tła wynosi 2,725 kelwina, co czasem zapisuje się prościej jako 2,7 K, a jeśli już jest się liczbowym leniem, to nikt nie przyczepi się do zaokrąglenia temperatury wszechświata do 3 K.

Zatrzymajmy się na chwilę. Herman i Alpher użyli świeżo zebranych w laboratorium plonów fizyki atomowej, żeby określić hipotetyczne warunki panujące we wczesnym wszechświecie. Stąd przez ekstrapolację sięgnęli miliardy lat w przód, wyliczając temperaturę, jaką wszechświat powinien mieć teraz. To, że ich prognoza jest choćby krzynę przybliżona do prawdziwej odpowiedzi, stanowi zdumiewający tryumf ludzkiej przenikliwości. Mogli pomylić się o czynnik dziesięciu czy stu (to jest o dziesięcio- lub stukrotność poprawnej wartości) albo nawet przewidzieć coś, czego w ogóle nie ma. Amerykański astrofizyk J. Richard Gott skomentował ten wyczyn następująco: „Przewidzieć, że tło istnieje, a następnie wyliczyć jego temperaturę z dokładnością do czynnika dwa to jak przewidzeć, że na trawniku pod Białym Domem wyląduje latający spodek o średnicy 50 stóp, podczas gdy w rzeczywistości wylądował spodek o średnicy 27 stóp".

⁕

Pierwszej bezpośredniej obserwacji mikrofalowego promieniowania tła dokonali w 1964 roku w zupełnie niezamierzony sposób amerykańscy fizycy Arno Penzias i Robert Wilson z Bell Telephone Laboratories, działu badawczego amerykańskiego przedsiębiorstwa telekomunikacyjnego AT&T. W latach sześćdziesiątych niemal wszyscy wiedzieli o mikrofalach, ale prawie nikt nie dysponował techniką pozwalającą na ich detekcję. Bell Labs, pionierska firma branży telekomunikacyjnej, skonstruowała masywną antenę, kształtem przypominającą róg, w tym jednym tylko celu.

Zanim jednak będzie się wysyłać czy odbierać jakiś sygnał, trzeba zadbać, żeby nie było zbyt wielu źródeł zakłóceń. Penzias i Wilson starali się zmierzyć tło mikrofalowych zakłóceń swojego odbiornika, aby umożliwić czystą, pozbawioną szumów komunikację w tym paśmie widma fal. Nie byli kosmologami. Byli specami dopieszczającymi swój mikrofalowy odbiornik, zupełnie nieświadomymi przewidywań Gamowa, Hermana i Alphera.

Tym, czego Penzias i Wilson z pewnością nie szukali, było promieniowanie reliktowe. Próbowali jedynie otworzyć dla AT&T nowy kanał telekomunikacyjny.

Wspólnie przeprowadzali doświadczenie i odejmowali od otrzymanych danych wszystkie znane ziemskie i pozaziemskie źródła zakłóceń, jakie tylko byli w stanie rozpoznać. Jedna składowa sygnału nie chciała jednak zniknąć, a Penzias i Wilson nie byli w stanie wykoncypować, jak się jej pozbyć. W końcu zajrzeli do środka anteny i zobaczyli, że zagnieździły się tam gołębie. Zaniepokoiło ich, że za niechciany sygnał może być odpowiedzialna ta biała dielektryczna substancja (ptasie kupy), ponieważ wykrywali go bez względu na orientację anteny. Po oczyszczeniu anteny z ptasiego dielektryka zakłócenia nieznacznie zmalały, ale resztkowy sygnał pozostał. Artykuł, który opublikowali w 1965 roku, dotyczył tej właśnie niewyjaśnionej „nadmiarowej temperatury anteny"*.

Tymczasem kierowana przez Roberta Dicke'a grupa fizyków z Princeton konstruowała detektor przeznaczony właśnie do poszukiwań promieniowania reliktowego. Nie posiadali oni jednak takich zasobów jak Bell Labs, praca szła więc nieco wolniej. Z chwilą gdy Dicke wraz ze współpracownikami usłyszeli o publikacji Penziasa i Wilsona, natychmiast pojęli, czym była zaobserwowana nadmiarowa temperatura anteny. Wszystko pasowało: zwłaszcza sama wartość temperatury oraz fakt, że sygnał dochodził z każdej strony nieba.

W 1978 roku Penzias i Wilson za swoje odkrycie otrzymali Nagrodę Nobla. W roku 2008 amerykańscy astrofizycy John C. Mather i George F. Smoot podzielili się Nagrodą Nobla za obserwacje promieniowania tła w szerokim zakresie widma, które przeprowadziły kosmologię z przedszkola kreatywnych, ale nieprzetestowanych pomysłów do królestwa dokładności – nauki eksperymentalnej.

* A. Penzias and R. W. Wilson, *A Measurement of Excess Antenna Temperature at 4080 Mc/s*, „Astrophysical Journal" 142 (1965): 419–421.

✷

Ponieważ dotarcie do nas z dalekich zakątków wszechświata zajmuje światłu czas, to kiedy spoglądamy w daleką przestrzeń kosmiczną, patrzymy tak naprawdę eony wstecz. Znaczy to, że gdyby inteligentni mieszkańcy bardzo odległej galaktyki zmierzyli temperaturę promieniowania reliktowego w chwili uchwyconej przez nasz wzrok, powinni zarejestrować wynik większy niż 2,7 kelwina, ponieważ żyli wówczas w młodszym, mniejszym i gorętszym świecie niż my obecnie.

Okazuje się, że hipotezę tę można sprawdzić. Cząsteczka cyjanu $(CN)_2$ (kiedyś używanego jako aktywny składnik gazu stosowanego przez kata wobec skazańców*) poddana działaniu mikrofal wzbudza się. Gdy temperatura jakichś mikrofal jest wyższa niż tych z naszego promieniowania tła, wzbudzenie molekuły jest nieco większe. Według modelu Wielkiego Wybuchu cyjan w odległych, młodszych galaktykach skąpany jest w cieplejszym promieniowaniu reliktowym niż cyjan w naszej Drodze Mlecznej.

* Komór gazowych używa się w niektórych stanach USA do wykonywania wyroków śmierci; w Europie pokrewnego cyjanowi cyjanowodoru używano w nazistowskich obozach zagłady (przyp. tłum.).

I to właśnie obserwujemy. Tego nie da się zmyślić.

Dlaczego miałoby to być interesujące? Przez 380 tysięcy lat po Wielkim Wybuchu wszechświat był nieprzezroczysty, dlatego – nawet siedząc w środku pierwszego rzędu – nie można było podziwiać formującej się materii. Nie było widać, w których miejscach zaczynają się formować gromady galaktyk, a w których pozostaje pustka. Żeby możliwe było zobaczenie czegokolwiek wartego zobaczenia, fotony musiały przemieścić się przez świat bez przeszkód jako nośniki tej informacji.

Miejsce rozpoczęcia kosmicznej wędrówki fotonu to miejsce, w którym uderzył on w ostatni stojący mu na drodze elektron – jest to „punkt ostatniego rozproszenia". Gdy uciekało coraz więcej nieuderzonych fotonów, stworzyły one rozszerzającą się „powierzchnię ostatniego rozproszenia", grubą na jakieś 120 tysięcy lat. Na tej powierzchni narodziły się wszystkie atomy we wszechświecie – elektrony przyłączały się do jąder atomów, a małe impulsy energii w postaci fotonów ulatywały w czerwoną dal.

Już wtedy niektóre obszary wszechświata zaczęły się zagęszczać pod wpływem wzajemnego przyciągania grawitacyjnego swoich części. Fotony, które jako ostatnie rozproszyły się na elektronach w tych obszarach, miały widmo o innym, nieco chłodniejszym profilu od tych, które rozproszyły się na mniej towarzyskich elektronach znajdujących się na pustkowiu. Tam, gdzie gromadziła się materia, wzrastała siła przyciągania grawitacyjnego, co pozwalało zbierać się jeszcze większej ilości materii. Takie obszary przekształciły się w zalążki supergromad galaktycznych, podczas gdy pozostałe stały się stosunkowo opustoszałe.

Kiedy sporządzi się szczegółową mapę promieniowania reliktowego, okazuje się, że nie jest ona całkowicie gładka. Są na niej miejsca nieco gorętsze i nieco zimniejsze niż średnia. Analizując te wahania temperatury – czyli badając charakterystykę powierzchni ostatniego rozproszenia – możemy wnioskować o strukturze i składzie materii wczesnego wszechświata. Żeby dowiedzieć się, jak powstały galaktyki, gromady i supergromady, używamy naszej najlepszej sondy – mikrofalowego promieniowania tła. To kapsuła czasu, która daje astrofizykom możliwość odtworzenia historii kosmosu. Badanie jej struktur jest jak uprawianie swego rodzaju kosmicznej frenologii – coś jak analizowanie wypukłości na czaszce niemowlęcego wszechświata.

Kiedy zestawi się je z ograniczeniami wynikającymi z innych obserwacji współczesnego i odległego wszechświata, mikrofalowe promieniowanie tła pozwala odszyfrować przeróżne fundamentalne własności kosmosu. Porównując rozkład wielkości i temperatur ciepłych i zimnych obszarów, można wywnioskować, jak silne było dawniej przyciąganie grawitacyjne i jak szybko gromadziła się materia, co na kolejnym etapie pozwala wydedukować, jak wiele jest we wszechświecie zwykłej materii, ciemnej materii i ciemnej energii. Stąd już bezpośrednio można stwierdzić, czy świat będzie się rozszerzał w nieskończoność czy nie.

✷

Zwykła materia to coś, z czego wszyscy jesteśmy zbudowani. Oddziałuje ona grawitacyjnie i oddziałuje ze światłem (fotonami). Tymczasem ciemna materia jest tajemniczą substancją, która jest obdarzona masą, ale w żaden znany nam sposób nie oddziałuje ze światłem. Ciemna energia zaś to tajemnicze ciśnienie w próżni kosmicznej, które działa w przeciwnym kierunku niż grawitacja, zmuszając wszechświat do szybszego rozszerzania się, niż gdyby ciemnej energii nie było.

Z naszego badania frenologicznego wynika, że rozumiemy, jak świat się zachowywał, ale nie mamy zielonego pojęcia, z czego jest w większości zbudowany. Mimo ogromu naszej niewiedzy kosmologia, jak nigdy przedtem, ma dziś kotwicę, ponieważ mikrofalowe promieniowanie tła odsłoniło portal, przez który wszyscy przeszliśmy. Dochodziło w nim do ciekawych zjawisk fizycznych i dowiedzieliśmy się z niego o wszechświecie przed oswobodzeniem i po oswobodzeniu uwięzionego w nim światła.

Proste odkrycie mikrofalowego promieniowania tła sprawiło, że kosmologia stała się czymś więcej niż tylko mitologią. Jednak dopiero precyzyjna i szczegółowa mapa tego promieniowania zmieniła kosmologię w nowoczesną naukę. Kosmolodzy mają o sobie bardzo wysokie mniemanie. Jakżeby nie, skoro zajmują się dedukowaniem, jak zaistniał wszechświat? Bez twardych danych ich wytłumaczenia miałyby jedynie status hipotez. Ale każda nowa obserwacja, każdy strzępek informacji to broń obosieczna; pozwalają kosmologii rozwijać się na podobnym fundamencie, z jakiego korzysta reszta nauki, lecz przy tym równocześnie zawężają teorie, które ludzie wymyślili, gdy nie było jeszcze dość danych, by rozstrzygnąć, czy mają rację czy się mylą.

Bez tego żadna nauka nie osiąga dojrzałości.

4

Między galaktykami

W całkowitej sumie składników kosmosu zlicza się zazwyczaj galaktyki. Najnowsze oszacowania wskazują, że obserwowalny wszechświat może ich zawierać sto miliardów. Rozświetlone, piękne i wypełnione gwiazdami galaktyki ozdabiają ciemną pustkę przestrzeni kosmicznej niczym miasta na ciemnym tle nocy. Jak próżna jest jednak ta próżnia? (Jak puste są tereny pomiędzy miastami?). Z tego tylko, że galaktyki świecą nam prosto w oczy i próbują nas mamić, że nic innego się nie liczy, nie wynika jeszcze, że wszechświat nie zawiera pomiędzy galaktykami rzeczy trudniejszych do wykrycia. Może są one ciekawsze lub ważniejsze dla ewolucji kosmosu niż same galaktyki?

Nasza spiralna Droga Mleczna zawdzięcza swoją nazwę wyglądowi, który nieuzbrojonemu oku przypomina mleko rozlane na nocnym ziemskim niebie. W rzeczy samej, słowo „galaktyka" pochodzi od greckiego *galaxias*, czyli „mleczny". Dwoje naszych najbliższych galaktycznych sąsiadów, odległych o 600 tysięcy lat świetlnych, to zarazem małe i nieregularnie ukształtowane skupiska gwiazd. Obiekty te zostały wspomniane w 1519 roku w dzienniku pokładowym statku Ferdynanda Magellana podczas jego sławnej wyprawy dookoła świata – na jego cześć nazwano je Wielkim i Małym Obłokiem Magellana. Widać je przede wszystkim z półkuli południowej jako parę chmurzastych plam na niebie, sadowiących się wśród innych gwiazd. Najbliższa galaktyka większa od naszej znajduje się dwa miliony lat świetlnych stąd, za gwiazdami wytyczającymi gwiazdozbiór Andromedy. Ta galaktyka spiralna, historycznie zwana Wielką Mgławicą w Andromedzie, jest nieznacznie większą i jaśniejszą bliźniaczką Drogi Mlecznej. Warto zwrócić uwagę, że nazwy tych układów nie odnoszą się do istnienia gwiazd: Droga Mleczna, Obłoki Magellana, Mgławica Andromedy. Wszystkie trzy zostały nazwane, zanim wynaleziono teleskopy, nie dało się więc wtedy rozpoznać ich gwiezdnego składu.

*

Jak zostanie to szczegółowo opisane w rozdziale 9, bez użycia teleskopów działających w wielu pasmach fal świetlnych wciąż moglibyśmy twierdzić, że przestrzeń pomiędzy galaktykami jest pusta. Tymczasem wspomagani przez współczesne detektory i teorie, spenetrowaliśmy nasze kosmiczne peryferia i odkryliśmy wiele rzeczy trudnych do wykrycia: galaktyki karłowate, gwiazdy uciekinierki, wybuchających gwiezdnych uciekinierów, gazy o temperaturze miliona stopni emitujące promieniowanie rentgenowskie, ciemną materię, bladoniebieskie galaktyki, wszechobecne chmury gazowe, odjechane, wysokoenergetyczne, naładowane cząstki oraz tajemniczą energię kwantowej próżni.

Mając taką listę, można twierdzić, że cała zabawa we wszechświecie dzieje się nie w galaktykach, lecz pomiędzy nimi.

We wszystkich wiarygodnie zbadanych obszarach przestrzeni kosmicznej galaktyki karłowate są ponaddziesięciokrotnie liczniejsze niż duże galaktyki. Mój pierwszy esej o wszechświecie napisany na początku lat osiemdziesiątych nosił tytuł *Galaktyka* *i siedmiu krasnoludków**, odnoszący się do drobnych pobliskich członków rodziny Drogi Mlecznej. Od tamtej pory naliczono w sumie dziesiątki okolicznych galaktyk karłowatych. Pełnokrwiste galaktyki zawierają setki miliardów gwiazd, podczas gdy karłowate mogą ich mieć nie więcej niż milion, przez co sto tysięcy razy trudniej je wykryć. Nic dziwnego, że wciąż znajdujemy jakieś tuż pod naszym nosem.

Zdjęcia galaktyk karłowatych, które nie wytwarzają już gwiazd, wyglądają zwykle jak małe, nudne, rozmazane plamy. Wszystkie te, w których gwiazdy jeszcze powstają, mają nieregularny kształt i szczerze mówiąc, wyglądają na dość żałosne towarzystwo. W wykrywaniu galaktyk karłowatych przeszkadzają trzy rzeczy: są małe, a więc łatwo je przeoczyć, gdy uwagi dopominają się kuszące galaktyki spiralne; są przyćmione, pomija się je więc w wielu badaniach galaktyk, w których z góry określa się minimalny poziom jasności; w końcu zagęszczenie w nich gwiazd jest niskie, więc słabo odróżniają się na tle otaczającego je blasku nocnej ziemskiej atmosfery i światła z innych źródeł. Wszystko to prawda.

* W oryginale *The Galaxy and the Seven Dwarfs*. Użyty w języku angielskim termin *dwarf* oznacza zarówno karłowatość, jak i krasnoludka (przyp. tłum.).

Skoro jednak karły są dalece liczniejsze od „normalnych" galaktyk, być może trzeba zredefiniować pojęcie normalności.

Większość (znanych) galaktyk karłowatych znajdziemy w towarzystwie pobliskich większych galaktyk, wokół których orbitują jak satelity. Dwa Obłoki Magellana są częścią karłowatej rodziny Drogi Mlecznej. Życie galaktycznych satelitów może być jednak dość ryzykowne. Większość komputerowych modeli wskazuje na powolny zanik ich orbit, który ostatecznie doprowadza do rozerwania nieszczęsnego karła i pożarcia go przez główną galaktykę. Droga Mleczna dokonała co najmniej jednego aktu kanibalizmu w ciągu ostatniego miliarda lat, wchłaniając galaktykę karłowatą, której obdarte ze skóry szczątki widoczne są za gwiazdozbiorem Strzelca jako strumień gwiazd okrążających centrum galaktyki. Układ ten nazywa się galaktyką karłowatą w Strzelcu (w skrócie SagDEG od ang. *Sagittarius Dwarf Elliptical Galaxy*), choć powinno się go raczej nazwać Obiadem.

W gromadach, miejscach o dużej gęstości, ustawicznie wpadają na siebie jakieś dwie duże galaktyki lub więcej, pozostawiając za sobą gigantyczny bałagan – spiralne struktury wypaczone poza wszelkie pojęcie, świeżo rozpętane burze gwiazdotwórczych obszarów, powstałych w gwałtownych zderzeniach gazowych obłoków, i setki milionów gwiazd rozsypanych tu i tam, które dopiero co umknęły grawitacji obu galaktyk. Jedne gwiazdy ponownie zgromadzą się w zlepki, które będzie można nazwać galaktykami karłowatymi. Inne będą swobodnie niesione dalej. Około dziesięciu procent wszystkich dużych galaktyk nosi ślady poważnych spotkań grawitacyjnych z inną dużą galaktyką – przy czym stosunek ten bywa pięciokrotnie wyższy w gromadach galaktyk.

Ile galaktycznych szczątków – przy całym tym zamęcie – wypełnia międzygalaktyczną przestrzeń, zwłaszcza w gromadach? Nikt nie ma co do tego pewności. Pomiar jest trudny, ponieważ odosobnione gwiazdy są zbyt ciemne, aby dało się je wykryć pojedynczo. Musimy polegać na bladej poświacie emitowanej przez wszystkie gwiazdy razem wzięte. Faktycznie, taką właśnie poświatę obserwuje się w gromadach pomiędzy galaktykami, co sugeruje, że bezdomnych gwiazd włóczęgów może być tyle samo co gwiazd wewnątrz galaktyk.

Dodatkowych argumentów do tych rozważań dostarcza wykrycie kilkunastu supernowych (choć wcale ich nie szukaliśmy), które wybuchły z dala od miejsc, które moglibyśmy uważać za ich rodzime galaktyki. W zwykłych galaktykach na każdą ginącą w ten sposób gwiazdę przypada od stu tysięcy do miliona gwiazd, które nie wybuchły, zatem odosobnione supernowe mogą zdradzać istnienie całych populacji gwiazd niewykrytych. Supernowe to gwiazdy, które rozprysły się w drobny mak, chwilowo (na kilka tygodni) miliard razy zwiększając swoją jasność i stając się tym samym widocznymi we wszechświecie. I chociaż kilkanaście bezdomnych supernowych to stosunkowo niewielka liczba, to na odkrycie może czekać ich o wiele więcej, ponieważ większość poszukiwań tego typu gwiazd polega na systematycznych obserwacjach znanych galaktyk, a nie pustej przestrzeni kosmicznej.

*

Gromady to nie tylko składające się na nie galaktyki i zbłąkane gwiazdy. Pomiary wykonywane teleskopami czułymi w zakresie promieni rentgenowskich ujawniły obecność gazu o temperaturze dziesiątków milionów stopni, który wypełnia przestrzeń wewnątrz gromad. Jest on tak gorący, że mocno świeci w rentgenowskim paśmie widma. Samo przemieszczanie się przez ten ośrodek galaktyk bogatych w gaz odziera je z niego, a tym samym pozbawia je zdolności tworzenia nowych gwiazd. To wiele wyjaśnia. Kiedy jednak obliczy się całkowitą masę obecną w tym rozgrzanym gazie, dla większości gromad przekracza ona łączną masę składających się na nie galaktyk o czynnik dziesięć. Co gorsza, ciemna materia przewyższa masę wszystkiego, co znajduje się w gromadach, kolejne dziesięć razy. Innymi słowy, gdyby teleskopy rejestrowały masę, a nie światło, hołubione przez nas galaktyki sprawiałyby w gromadach wrażenie nieistotnych punkcików wewnątrz olbrzymiej kulistej kropli sił grawitacyjnych.

Pozostałą poza gromadami przestrzeń kosmiczną zaludniają galaktyki, których świetność dawno przeminęła. Jak już wspominałem, spoglądanie w kosmos można porównać do patrzenia na przekrój geologiczny warstw osadowych, w pełni uwidaczniających historię formowania się skał. Kosmiczne odległości są tak wielkie, że zanim skądś dotrze do nas światło, mogą minąć miliony czy nawet miliardy lat. Gdy wszechświat był o połowę młodszy, w rozkwicie znajdował się gatunek bardzo niebieskich i bardzo niewyraźnych galaktyk średniego rozmiaru. My je widzimy. Ci przedstawiciele galaktyk z bardzo, bardzo daleka pozdrawiają nas z odległej przeszłości. Ich niebieski kolor bierze się ze światła nowo ukształtowanych, krótko żyjących gwiazd o wysokiej masie, temperaturze i jasności. Blask tych galaktyk jest blady nie tylko dlatego, że są odległe, ale też dlatego, że populacja zasiedlających je jasnych gwiazd była niska. Podobnie jak dinozaury, które przyszły i odeszły, zostawiając po sobie ptaki jako jedynych współczesnych potomków, te blade, niebieskie galaktyki też już nie istnieją, ale przypuszczalnie mają w dzisiejszym wszechświecie swoich kontynuatorów. Czy wszystkie ich gwiazdy wypaliły się? Czy stały się niewidzialnymi trupami rozrzuconymi po przestrzeni kosmicznej? Czy przekształciły się w znane nam dziś galaktyki karłowate? Czy też wszystkie zostały wchłonięte przez większe galaktyki? Tego nie wiemy. Pewne jest za to ich miejsce w kosmicznym kalendarium.

Kiedy pomiędzy dużymi galaktykami mieści się tyle różności, spodziewalibyśmy się, że któreś z nich przesłonią nam widok i będą stanowić przeszkodę dla najbardziej oddalonych obiektów, takich jak kwazary. Kwazary są wyjątkowo jasnymi jądrami galaktycznymi, których światło zazwyczaj wędruje przez kosmos miliardy lat, zanim dotrze do naszych teleskopów. Jako niezwykle odległe źródła światła świetnie sprawdzają się w roli królików doświadczalnych do wykrywania śmieci stających fotonom na drodze.

Jak można się było spodziewać, kiedy światło kwazara zostanie rozdzielone na barwy składowe, jego widmo okazuje się podziurawione absorpcją w obłokach gazu tarasujących drogę fotonom. Wszystkie znane kwazary, nieważne, w której części nieba je znaleziono, uwidaczniają nam cechy dziesiątek oddzielnych chmur wodorowych rozrzuconych w czasie i przestrzeni. Tę wyjątkową klasę międzygalaktycznych obiektów rozpoznano po raz pierwszy w latach osiemdziesiątych XX wieku i nadal stanowi ona obszar czynnych badań astrofizycznych. Skąd wzięły się kwazary? Jak dużo masy zawierają?

Wszystkie znane kwazary wykazują te wodorowe charakterystyki, z czego wnioskujemy, że chmury wodorowe we wszechświecie są wszędzie. I, zgodnie z oczekiwaniami, im dalszy jest kwazar, tym więcej śladów chmur widać w jego widmie. Niektóre z nich (mniej niż procent) to zwykły skutek tego, że linia naszego wzroku przebiega przez gaz zawarty w zwykłej galaktyce spiralnej bądź nieregularnej. Spodziewamy się oczywiście, że przynajmniej niektóre kwazary przesłonięte są światłem zwykłych galaktyk, zbyt odległych jednak, by je wykryć. Pozostałe absorbujące obiekty niewątpliwie stanowią jednak osobną klasę.

Tymczasem światło kwazarów nagminnie przechodzi też przez rejony kosmosu zawierające potworne źródła grawitacyjne, które sieją zamęt w ich obrazie. Często trudno te źródła wykryć, ponieważ mogą składać się ze zwykłej materii, która jest po prostu zbyt ciemna i zbyt odległa, albo mogą to być strefy ciemnej materii, jak te zajmujące centra i okoliczne rejony gromad galaktyk. W obu wypadkach jeśli jest tam masa, to działa też grawitacja. A gdzie działa grawitacja, tam, zgodnie z ogólną teorią względności Einsteina, zakrzywia się przestrzeń. Gdy zaś przestrzeń się zakrzywia, potrafi imitować krzywiznę zwykłej szklanej soczewki, a przez to zmieniać bieg przechodzących przez nią promieni światła. Rzeczywiście, dalekie kwazary i całe galaktyki zostały „zsoczewkowane" przez obiekty, którym zdarzyło się znaleźć na linii wzroku ziemskich teleskopów. W zależności od masy takiej soczewki i kierunku obserwacji soczewkowanie jest w stanie powiększyć, zniekształcić obraz tła lub nawet rozdzielić go na wiele innych, zupełnie jak w gabinecie krzywych luster w wesołym miasteczku.

Jednym z najdalszych obiektów (jakie znamy) we wszechświecie nie jest kwazar, ale zwykła galaktyka, której nikłe światło zostało znacznie wzmocnione przez znajdująca się na jego drodze soczewkę grawitacyjną. Odtąd musimy być może polegać na tych międzygalaktycznych teleskopach, żeby zaglądać tam, gdzie (i kiedy) zwykłe nie są w stanie zajrzeć – i w ten sposób odnaleźć przyszłych rekordzistów kosmicznych dystansów.

*

Nie ma ludzi, którzy nie lubiliby przestrzeni międzygalaktycznej, ale wybranie się tam może okazać się niebezpieczne dla zdrowia. Pomińmy to, że zamarzlibyśmy na śmierć, gdy nasze ciepłe ciało próbowałoby osiągnąć równowagę termiczną z trzema kelwinami wszechświata. Pomińmy też fakt, że komórki krwi pękałyby w nas, podczas gdy my dusilibyśmy się z braku ciśnienia atmosferycznego. To standardowe zagrożenia. Tymczasem istnieją jeszcze skatalogowane przez Ministerstwo Dziwnych Zdarzeń odjechane, wysokoenergetyczne, szybko poruszające się, naładowane subatomowe cząstki, regularnie przebijające przestrzeń międzygalaktyczną. Nazywamy je promieniowaniem kosmicznym. Te o największej energii mają jej sto milionów razy więcej, niż potrafi wygenerować największy na świecie akcelerator cząstek. Ich pochodzenie nadal pozostaje zagadką, ale większość tych naładowanych cząstek to protony – czyli jądra atomów wodoru – poruszające się z prędkością wynoszącą 99,9999999999999999999% prędkości światła. Co niezwykłe, taka pojedyncza subatomowa cząstka niesie dostatecznie wiele energii, żeby wbić piłkę golfową do dołka nawet z odległości kilkunastu metrów z dowolnego miejsca na greenie.

Bodaj najbardziej egzotycznym zjawiskiem zachodzącym pomiędzy galaktykami (i pośród nich) w próżni czasoprzestrzeni jest wrzący ocean cząstek wirtualnych – niewykrywalnych par cząstek materii i antymaterii, pojawiających się i znikających. To osobliwe przewidywanie fizyki kwantowej określono mianem „energii próżni", która przejawia się jako zewnętrzne ciśnienie działające przeciwnie do grawitacji i która ma się świetnie pod całkowitą nieobecność materii. Coraz szybciej rozszerzający się wszechświat – wcielenie ciemnej energii – może być napędzany właśnie działaniem energii próżni.

Tak, przestrzeń międzygalaktyczna jest i zawsze będzie tam, gdzie zachodzi to działanie.

5

Ciemna materia

Grawitacja, najbliższa nam znana w przyrodzie siła, odpowiada za najciekawsze, a zarazem najsłabiej zrozumiane zjawiska fizyczne. Potrzeba było umysłu najbłyskotliwszego i najbardziej wpływowego człowieka tysiąclecia, Isaaka Newtona, byśmy zdali sobie sprawę, że tajemnicze grawitacyjne „działanie na odległość”* bierze się z natury każdego kawałka materii oraz że przyciąganie pomiędzy dowolnymi dwoma ciałami można opisać prostym algebraicznym równaniem. Potrzeba było umysłu najbłyskotliwszego i najbardziej wpływowego człowieka ostatniego stulecia, Alberta Einsteina,

* Odniesienie do „upiornego działania na odległość” (ang. *spooky action at a distance*), jak Einstein określał nie grawitację, lecz splątanie kwantowe (przyp. tłum.).

by pokazać, że grawitacyjne działanie na odległość można dokładniej opisać jako odkształcenie tkanki czasoprzestrzeni, wytworzone przez dowolną kombinację materii i energii. Einstein dowiódł, że teoria Newtona wymaga pewnych modyfikacji, aby precyzyjnie opisać grawitację – na przykład żeby przewidzieć, jak bardzo promienie światła ugną się w sąsiedztwie masywnego obiektu. Chociaż równania Einsteina są bardziej wymyślne niż Newtona, uwzględniają materię, do której tak przywykliśmy. Materię, którą możemy zobaczyć, poczuć, powąchać; której możemy dotknąć i od czasu do czasu posmakować.

Nie wiemy, kim będzie kolejny geniusz na tej liście, ale już od niemal stu lat czekamy na kogoś, kto powiedziałby nam, dlaczego większość siły grawitacji, którą zmierzyliśmy we wszechświecie – około 85% – pochodzi od substancji, która poza tym nie oddziałuje z „naszą" materią i energią. A może nadmiar grawitacji w ogóle nie pochodzi od materii i energii, lecz wypływa z jakiegoś koncepcyjnie odmiennego tworu? W każdym razie zasadniczo błądzimy po omacku. Dziś nie jesteśmy bliżej odpowiedzi, niż byliśmy w 1937 roku, gdy problem „brakującej masy" został po raz pierwszy przeanalizowany przez szwajcarsko-amerykańskiego astrofizyka Fritza Zwicky'ego.

Przez ponad czterdzieści lat wykładał on w Kalifornijskim Instytucie Technologicznym (tak zwanym Caltechu), łącząc głębokie zrozumienie kosmosu z barwnym sposobem wysławiania się i imponującą zdolnością zrażania do siebie kolegów.

Zwicky badał ruch pojedynczych galaktyk w środku przeogromnej gromady położonej daleko za gwiazdami Drogi Mlecznej układającymi się w Warkocz Bereniki (nazwany tak na cześć królowej starożytnego Egiptu). Owa Gromada w Warkoczu Bereniki, jak ją nazywamy, to odosobniony i gęsto zaludniony zespół galaktyk oddalony o około 300 milionów lat świetlnych od Ziemi. Jej środek okrąża tysiąc galaktyk, poruszających się we wszystkich kierunkach jak pszczoły rojące się nad ulem. Używając kilkudziesięciu z tych galaktyk jako wskaźników pola grawitacyjnego, które spaja całą gromadę, Zwicky odkrył, że ich średnia prędkość jest uderzająco duża. Skoro większa siła grawitacyjna wywołuje w przyciąganych obiektach większe prędkości, Zwicky wyliczył, że masa tej gromady jest ogromna. Żeby sprawdzić sensowność tego oszacowania, można zsumować masy wszystkich widocznych galaktyk należących do gromady. I mimo że Gromada w Warkoczu Bereniki jest jedną z największych i najcięższych we wszechświecie, nie zawiera wystarczająco wiele obserwowalnych galaktyk, żeby wytłumaczyć zmierzone przez Zwicky'ego prędkości.

Jak źle to wygląda? Czy znane nam prawa grawitacji zawodzą? Z pewnością działają w obrębie Układu Słonecznego. Newton pokazał, że da się jednoznacznie wyprowadzić prędkość, jaką musi mieć planeta, żeby utrzymać się na stabilnej orbicie w dowolnej odległości od Słońca, tak aby nie spadła na Słońce ani nie odleciała na dalszą orbitę. Okazuje się, że gdybyśmy mogli przyspieszyć orbitowanie Ziemi do więcej niż pierwiastka z dwóch (1,4142...) jego obecnej prędkości, nasza planeta osiągnęłaby tak zwaną prędkość ucieczki i całkowicie opuściła Układ Słoneczny. To samo rozumowanie można zastosować wobec znacznie większych układów, takich jak Droga Mleczna, której gwiazdy poruszają się po orbitach wynikających z przyciągania grawitacyjnego wszystkich innych gwiazd; lub takich jak gromady galaktyk, których członkinie podobnież odczuwają siłę grawitacji od wszystkich pozostałych. W tym właśnie duchu, na stronie pełnej wzorów, Einstein zapisał w notatniku rymowankę (dźwięczniejszą po niemiecku niż w angielskim czy polskim tłumaczeniu) ku czci Isaaca Newtona:

Spojrzyj w gwiazdy, żeby zbadać,
Jak Mistrzowi hołdy składać.
Newton biegu dał im plan,
Wiecznie milcząc poszły w tan*.

Badając Gromadę w Warkoczu Bereniki, tak jak robił to Zwicky w latach trzydziestych ubiegłego stulecia, widzimy, że wszystkie składające się na nią galaktyki poruszają się szybciej niż z prędkością ucieczki z tej gromady. Powinny się więc porozlatywać już po zaledwie kilkuset milionach lat, prawie nie pozostawiwszy śladu po swoim rojowisku. Gromada ma jednak ponad dziesięć miliardów lat, a więc jest niemalże tak wiekowa jak sam wszechświat. I tak oto narodziła się najdłużej nierozwiązana zagadka astrofizyki.

✷

W ciągu dziesięcioleci mijających od publikacji Zwicky'ego ten sam problem odkryto w innych gromadach galaktyk, zatem nie można obwiniać Gromady w Warkoczu Bereniki za jej zwodniczą wyjątkowość. Kogo powinniśmy więc winić? Newtona? Nie robiłbym tego – przynajmniej jeszcze nie. Jego

* Notatka z rękopisu, cytowana w: K. Simonyi, *A Cultural History of Physics* (Boca Raton, FL: CRC Press, 2012).

teorie sprawdzane są od 250 lat i przeszły wszystkie testy. Einsteina? Nie. Siła grawitacji w gromadach galaktycznych jest pokaźna, ale nie dość duża, żeby trzeba było sięgać po armatę ogólnej teorii względności (zaledwie dwudziestoletnią w chwili, gdy Zwicky opublikował swoje badania). Być może „brakująca masa" niezbędna do związania Gromady w Warkoczu Bereniki istnieje, ale w jakiejś nieznanej, niewidzialnej postaci. Obecnie zdecydowaliśmy się używać terminu „ciemna materia", który nic nie mówi o tym, że czegoś brakuje, daje za to do zrozumienia, że musi istnieć jakiś nowy rodzaj materii, wciąż czekający na odkrycie.

Ledwie astrofizycy pogodzili się z tajemniczością ciemnej materii w gromadach galaktyk, a to samo niewidzialne utrapienie dało o sobie znać ponownie. W 1976 roku Vera Rubin, astrofizyczka z Carnegie Institution of Washington, odkryła podobną anomalię masy w galaktykach spiralnych. Badając prędkości, z jakimi gwiazdy okrążają centra galaktyczne, Rubin z początku zobaczyła to, czego się spodziewała: w widzialnym dysku galaktyki gwiazdy poruszające się dalej od jego środka mają większą prędkość niż te bliżej. Pomiędzy centrum a dalszymi gwiazdami znajduje się więcej materii (gwiazd i gazu), co powoduje ich szybsze prędkości orbitalne. Poza świetlistym galaktycznym dyskiem da się jednak znaleźć odosobnione obłoki gazowe i kilka jasnych gwiazd. Używając ich jako wskaźników pola grawitacyjnego na zewnątrz najjaśniejszych części galaktyki – gdzie nie ma już widzialnej materii dającej do niego wkład – Rubin odkryła, że prędkości orbitalne tych obiektów, które na peryferiach powinny maleć wraz z odległością, w rzeczywistości pozostały duże.

Te w przeważającej mierze puste przestrzenie – daleka, wiejska prowincja galaktyk – zawierają zbyt mało widzialnej materii, aby wyjaśnić tak nietypowo duże prędkości orbitalne obiektów-wskaźników. Rubin słusznie dowodziła, że na tych odległych rubieżach, daleko poza skrajem widzialnej części galaktyk spiralnych, musi w jakiejś postaci znajdować się ciemna materia. Dzięki jej badaniom obecnie nazywamy te zagadkowe strefy „halo ciemnej materii".

Ten sam problem mamy tuż pod nosem, w Drodze Mlecznej. Rozbieżność pomiędzy sumaryczną masą widzialnych ciał a ich masą oszacowaną przez całkowitą siłę grawitacji różni się od galaktyki do galaktyki i od gromady do gromady, rozciągając się pomiędzy kilkukrotnością, a – w niektórych wypadkach – kilkusetkrotnością. Średnio we wszechświecie rozbieżność ta daje czynnik sześć – kosmiczna, ciemna materia oddziałuje z około sześć razy większą całkowitą grawitacją niż cała materia widzialna.

Dalsze badania wykazały, że ciemna materia nie może składać się ze zwykłej materii, która jest po prostu nie dość jasna lub nieświecąca. Wniosek ten opiera się na dwóch liniach rozumowania. Po pierwsze możemy wykluczyć z niemal całkowitą pewnością wszystkich prawdopodobnych kandydatów, jak podejrzanych na okazaniu policyjnym. Czy ciemna materia mogłaby przebywać w czarnych dziurach? Nie – sądzimy, że wykrylibyśmy aż tyle czarnych dziur poprzez ich wpływ na okoliczne gwiazdy. Czy mogłyby to być ciemne obłoki? Nie – pochłaniałyby one światło gwiazd położonych za nimi lub w jakiś inny sposób z nim oddziaływały, czego prawdziwa ciemna materia nie robi. Czy mogłyby to być międzygwiezdne (lub międzygalaktyczne) samotnicze planety, asteroidy i komety, które same z siebie nie emitują światła? Trudno uwierzyć, że wszechświat skoncentrowałby sześć razy tyle masy w planetach, co w gwiazdach. Na każdą gwiazdę w galaktyce przypadałoby wtedy sześć tysięcy Jowiszów albo, co gorsza, dwa miliony Ziemi. Na przykład w naszym Układzie Słonecznym wszystko poza Słońcem daje łącznie mniej niż jedną piątą procent jego masy.

Bardziej bezpośrednie potwierdzenie dziwnej natury ciemnej materii wynika ze stosunku ilości wodoru do ilości helu we wszechświecie. Liczba ta jest kosmicznym odciskiem palca pozostawionym przez wczesny wszechświat. Podczas pierwszych kilku minut po Wielkim Wybuchu reakcja termojądrowa pozostawiła z dobrym przybliżeniem jedno jądro helu na każde dziesięć jąder wodoru (które są po prostu protonami). Obliczenia pokazały, że gdyby większość ciemnej materii włączyła się w reakcję termojądrową, we wszechświecie byłoby o wiele więcej helu niż wodoru. Stąd wnosimy, że większość ciemnej materii – a więc większość masy wszechświata – nie bierze udziału w fuzji termojądrowej, co dyskwalifikuje ją jako „zwykłą" materię, której istota polega na gotowości do uczestniczenia w siłach atomowych i jądrowych kształtujących wszystko, co znamy. Szczegółowe obserwacje mikrofalowego promieniowania tła, pozwalające na niezależne zweryfikowanie tego wniosku, potwierdzają: ciemna materia i fuzja termojądrowa się nie mieszają.

Zatem, na ile tylko możemy to sprawdzić, ciemna materia nie jest po prostu materią, która akurat jest ciemna. Jest czymś zupełnie odmiennym. Ciemna materia oddziałuje grawitacyjnie zgodnie z tymi samymi zasadami, do których stosuje się zwykła materia, ale nie robi nic innego, co pozwalałoby nam ją wykryć. Oczywiście analizę komplikuje nam samo to, że nie wiemy, czym ta ciemna materia w ogóle jest. Czy jeśli każda masa oddziałuje grawitacyjnie, to każde oddziaływanie grawitacyjne wymaga masy? Nie wiemy. Może w tej materii nic nie dolega materii, tylko po prostu nie rozumiemy grawitacji?

*

Stosunek ilości ciemnej materii do zwykłej waha się pomiędzy poszczególnymi środowiskami astrofizycznymi; najwyrazistsza dysproporcja dotyczy takich ogromnych obiektów jak galaktyki lub ich gromady. W wypadku najmniejszych ciał niebieskich, takich jak księżyce czy planety, ciemnej materii nie da się odczuć. Siłę ciążenia na powierzchni Ziemi, dajmy na to, w całości można wyjaśnić tym, co znajduje się pod naszymi stopami. Jeśli masz nadwagę na Ziemi, nie zrzucaj winy na ciemną materię. Ciemna materia nie ma też wpływu na okołoziemską orbitę Księżyca ani na ruchy planet wokół Słońca – ale, jak zdążyliśmy się przekonać, wytłumaczenia wymagają ruchy gwiazd wokół jądra galaktyki.

Czy w skali galaktycznej działa inny rodzaj fizyki grawitacji? Raczej nie. Bardziej prawdopodobne jest to, że ciemna materia składa się z materii, której naturę musimy dopiero odgadnąć, a która gromadzi się w sposób bardziej rozproszony niż ta zwykła. W przeciwnym wypadku bylibyśmy w stanie wykryć oddziaływanie grawitacyjne skomasowanych brył ciemnej materii, którymi upstrzony byłby wszechświat – komet, planet i galaktyk z niej zbudowanych. O ile nam wiadomo, rzeczy mają się jednak inaczej.

Wiemy natomiast, że materia, z którą tak się zżyliśmy – budulec gwiazd, planet i organizmów żywych – jest tylko lekką polewą kosmicznego ciasta, skromnymi bojami unoszącymi się w rozległym kosmicznym oceanie czegoś, co wygląda jak nic.

*

Podczas pierwszego pół miliona lat od Wielkiego Wybuchu, czyli w mgnieniu oka na przestrzeni czternastu miliardów lat historii kosmosu, materia wszechświata zaczęła się już zbijać w krople, które później przerodziły się w gromady i supergromady galaktyk. Kosmos jednak w ciągu kolejnego pół miliona lat dwukrotnie się powiększył i potem nie przestawał już rosnąć. Współzawodniczyły w nim dwa przeciwstawne zjawiska: grawitacja chciała wszystko ściągać ku sobie, a rozszerzanie się prowadziło do jego większego rozrzedzenia. Gdy się to policzy, szybko dochodzi się do wniosku, że grawitacja wynikająca ze zwykłej materii nie mogła sama wygrać tej batalii. Potrzebowała pomocy ze strony ciemnej materii, bez której żylibyśmy – a w zasadzie nie żyli – we wszechświecie pozbawionym struktur: bez gromad, bez galaktyk, gwiazd, planet – i bez ludzi.

Jak dużej potrzeba było siły grawitacji pochodzącej od ciemnej materii? Sześć razy większej od tej, którą zapewniała zwykła materia. Dokładnie takiej jak ta, którą zmierzyliśmy. Ta analiza nie mówi nam, czym jest ciemna materia, a jedynie że jej skutki są prawdziwe i co by nie robić, nie są one zasługą zwykłej materii.

✷

Ciemna materia jest więc owcą w wilczej skórze. Nie mamy pojęcia, czym jest, i jest to frustrujące. Ale jeśli mamy otrzymać dokładny opis wszechświata, rozpaczliwie potrzebujemy jej w obliczeniach. Naukowców zawsze uwiera, gdy muszą oprzeć obliczenia na pojęciach, których nie rozumieją, ale jeśli zachodzi taka konieczność, robimy to. A ciemna materia to dla nas wcale nie pierwszyzna. Na przykład w XIX wieku naukowcy mierzyli energię oddawaną przez Słońce i opisywali jej wpływ na pory roku i klimat na długo przed tym, zanim ktokolwiek wiedział, że za tę energię odpowiada fuzja termojądrowa. Jednym z najlepszych pomysłów w tamtym czasie była propozycja, z perspektywy czasu śmiechu warta, że Słońce jest palącą się bryłą węgla. Również w XIX wieku obserwowaliśmy gwiazdy, otrzymywaliśmy ich widma i klasyfikowaliśmy je na długo przed wprowadzeniem mechaniki kwantowej, która dopiero w XX wieku pozwoliła zrozumieć, dlaczego i jakim sposobem te widma wyglądają tak, jak wyglądają.

Nieustępliwi sceptycy mogliby porównać dzisiejszą ciemną materię z hipotetycznym, obecnie już zapomnianym eterem – nieważkim, przezroczystym, wypełniającym próżnię kosmiczną ośrodkiem, przez który miało poruszać się światło i którego istnienie postulowano w XIX wieku. Dopóki koncepcji tej nie podważył słynny eksperyment w Cleveland w 1887 roku, przeprowadzony przez Alberta Michelsona i Edwarda Morleya na Uniwersytecie Case Western Reserve, naukowcy utrzymywali, że eter musi istnieć, mimo że nie było ani strzępka dowodu na poparcie tej tezy. Uważano, że jako fala światło wymaga ośrodka, przez który mogłaby rozchodzić się jego energia, w analogii do dźwięku niemogącego obejść się bez powietrza lub innej substancji, która przenosiłaby jego drgania. Okazuje się jednak, że światło w pełni zadowala się próżnią kosmiczną pozbawioną jakiegokolwiek ośrodka, który by je przenosił, i że w przeciwieństwie do fal dźwiękowych, polegających na drganiu powietrza, fale świetlne są samorozchodzącymi się paczkami energii, które nie potrzebują żadnej pomocy.

Jednak niewiedza dotycząca ciemnej materii fundamentalnie różni się od tej dotyczącej eteru. Eter był jedynie wypełniaczem naszego niekompletnego pojmowania, podczas gdy istnienie ciemnej materii wynika nie tylko z domniemania, ale z zarejestrowanych efektów działania jej pola grawitacyjnego na widzialną materię. Nie wzięliśmy ciemnej materii z kosmicznego sufitu – o jej istnieniu wnioskujemy na podstawie naszych obserwacji. Ciemna materia jest tak samo prawdziwa jak wiele planet pozasłonecznych orbitujących wokół innych gwiazd, o których istnieniu wiemy wyłącznie poprzez wpływ ich pola grawitacyjnego na ich macierzyste gwiazdy, a nie z bezpośredniego pomiaru ich światła.

W najgorszym wypadku odkryjemy, że ciemna materia w ogóle nie składa się z materii, lecz z czegoś innego. Czy możliwe jest, że obserwujemy działanie sił z innego wymiaru? Że czujemy zwykłą siłę ciążenia zwykłej materii przekraczającej barierę pomiędzy wszechświatem-widmem sąsiadującym z naszym? Jeśli tak, mógłby to być tylko jeden z nieskończonej kolekcji wszechświatów tworzących wieloświat. To hipoteza jak nie z tego świata. Ale czy jest ona bardziej szalona niż pierwsze domysły, że Ziemia okrąża Słońce? Że Słońce jest ledwie jedną ze stu miliardów gwiazd w Drodze Mlecznej? Lub że Droga Mleczna jest tylko jedną ze stu miliardów galaktyk we wszechświecie?

Jeśli nawet któreś z tych nierzeczywistych wytłumaczeń okaże się prawdziwe, nie zmieni to faktu, że z powodzeniem da się włączyć pole grawitacyjne ciemnej materii do równań, których używamy, by zrozumieć powstanie i ewolucję wszechświata.

Inni nieustępliwi sceptycy mogą obstawać, że „uwierzą, kiedy zobaczą" – co jest podejściem, które sprawdza się w wielu dziedzinach życia, włączywszy w to budowę maszyn, wędkarstwo czy nawet randkowanie. Sprawdza się ono też, jak się zdaje, w codziennym życiu mieszkańców stanu Missouri*. Podejście to

* O których w USA żartuje się, że nie uwierzą, póki czegoś nie zobaczą (przyp. tłum.).

nie pomaga jednak w świecie nauki. Jej uprawianie nie polega tylko na widzeniu, ale też na mierzeniu – najlepiej przyrządem innym niż oczy, bo te są nierozerwalnie obciążone bagażem naszego mózgu. A bagaż ten z reguły jest raczej torbą wypełnioną przedwczesnymi założeniami, przyjętymi z góry ideami, przyjętymi z dołu poglądami i nieskrywaną stronniczością.

*

Ciemna materia pozostaje w grze, mimo że od trzech ćwierćwieczy opiera się próbom bezpośredniego wykrycia z Ziemi. Fizycy cząstek są przekonani, że ciemna materia składa się z klasy upiornych, nieodkrytych cząstek, które oddziałują z materią grawitacyjnie, lecz poza tym ich wpływ na materię i światło jest słaby lub żaden.

Jeśli lubisz zakłady w fizyce, ta koncepcja będzie dobrym typem. W największych na świecie akceleratorach próbuje się szukać cząstek ciemnej materii wśród pozderzeniowych szczątków. Natomiast w specjalnie zaprojektowanych, zakopanych głęboko pod ziemią laboratoriach cząstki ciemnej materii usiłujemy wykrywać biernie, gotowi je zarejestrować w razie gdyby zbłądziły tu z kosmosu. Podziemne umiejscowienie detektorów zapewnia naturalną osłonę urządzeń przed znanymi kosmicznymi cząstkami, które mogłyby być mylnie uznane za ciemną materię.

Choć to wszystko może się wydawać robieniem wielkiego hałasu o nic, koncepcja nieuchwytnej cząstki ciemnej materii miała już precedens. Chodzi o neutrina, które zostały przewidziane i ostatecznie odkryte, mimo że ze zwykłą materią oddziałują niezwykle słabo.

Obfity strumień neutrin – dwa neutrina z każdego jądra helu powstałego z dwóch wodorów łączących się w termojądrowym rdzeniu gwiazdy – bezproblemowo opuszcza Słońce, przelatuje przez próżnię kosmiczną niemal z prędkością światła, a następnie przechodzi przez Ziemię, jakby jej tam nie było. Niezależnie od pory dnia i nocy, przez każdy centymetr kwadratowy twojego ciała – nie pozostawiając żadnego śladu oddziaływania z jego atomami – przelatuje kilkadziesiąt miliardów neutrin słonecznych na sekundę. Pomimo tej nieuchwytności w odpowiednich okolicznościach neutrina da się jednak zatrzymać. A jeśli jakąś cząstkę potrafimy zatrzymać, to już ją wykryliśmy.

Cząstki ciemnej materii mogą ujawnić się poprzez podobnie rzadkie oddziaływania lub – co byłoby bardziej niezwykłe – być może użyją do tego sił innych niż znane nam siły jądrowe silne, jądrowe słabe lub elektromagnetyczne. Te trzy wraz z grawitacją dają całą cudowną czwórkę sił wszechświata, za pomocą których zachodzą wszystkie oddziaływania pomiędzy znanymi cząstkami. Wybór jest więc prosty. Albo cząstki ciemnej materii muszą poczekać, aż odkryjemy i nauczymy się panować nad nową siłą lub nowym gatunkiem sił, z których one korzystają, albo oddziałują one za pomocą znanych już sił, tyle że nadzwyczaj słabo.

Tak więc skutki istnienia ciemnej materii są prawdziwe – nie wiemy tylko, czym ona jest.

Wydaje się, że nie oddziałuje za pomocą sił jądrowych silnych, nie może więc tworzyć jąder. Nie wykazano, żeby oddziaływała siłami jądrowymi słabymi, z których korzystają nieuchwytne neutrina. Wydaje się, że nie używa też sił elektromagnetycznych, więc nie tworzy cząsteczek i nie zbija się w gęste kule. Ciemna materia nie pochłania, nie emituje, nie odbija ani nie rozprasza światła. Natomiast, jak wiemy od samego początku, oddziałuje ona siłą grawitacyjną na zwykłą materię. I to by było tyle. Przez te wszystkie lata nie udało się nam odkryć, żeby robiła coś jeszcze.

Na razie musimy więc zadowolić się tym, że żyjemy z tą ciemną materią jak z dziwnym niewidzialnym przyjacielem, którego wzywamy, gdy (i gdzie) wymaga tego od nas wszechświat.

6

Ciemna energia

Jakby nie dość było zmartwień, w ostatnich dziesięcioleciach odkryto, że we wszechświecie panuje jakieś tajemnicze ciśnienie, które wypływa z próżni kosmicznej i działa przeciwnie do grawitacji. Na tym nie koniec – ta „ujemna grawitacja” ostatecznie wygra zmagania, ponieważ wymusza niezwykle gwałtowne, wykładnicze przyspieszanie rozszerzania się kosmosu.

Za najbardziej pokręcone koncepcje dwudziestowiecznej fizyki winą można po prostu obarczyć Einsteina.

Możliwe, że noga Alberta Einsteina nigdy nie postała w laboratorium. Nie badał zjawisk doświadczalnie ani nie używał wymyślnych przyrządów. Był teoretykiem doskonalącym „eksperymenty myślowe”, w których przyrodę uruchamia się poprzez wyobraźnię, wymyślając jakąś sytuację lub model, a następnie dochodzi się do skutków danego prawa fizyki. W Niemczech przed drugą wojną światową fizyka uprawiana w laboratoriach dalece przewyższała – w mniemaniu większości aryjskich naukowców – fizykę teoretyczną. Wszyscy żydowscy fizycy zostali odesłani do podłej piaskownicy teoretyków i zostawieni samym sobie. I jakże wspaniałą stała się ta piaskownica!

Tak jak w wypadku teorii Einsteina, jeśli dany model fizyczny ma przedstawiać cały wszechświat, to dłubanie w tymże modelu powinno być równoznaczne z dłubaniem w samym wszechświecie. Naukowcy dokonujący obserwacji lub przeprowadzający eksperymenty mogą po takim teoretycznym dłubaniu wyruszyć na poszukiwanie zjawiska, które z niego wynika. Jeśli w modelu są błędy lub jeśli teoretyk pomylił się w obliczeniach, obserwacje pokażą rozbieżność pomiędzy przewidywaniami modelu a wersją wydarzeń z prawdziwego wszechświata. Wstępnie jest to dla teoretyka wskazówka, że powinien wrócić z kredą pod przysłowiową tablicę i albo dopasować stary model, albo stworzyć nowy.

Jeden z najpotężniejszych i najbardziej dalekosiężnych modeli teoretycznych, jakie kiedykolwiek opracowano – już przedstawiony na kartach niniejszej książki – to ogólna teoria względności Einsteina. Kiedy już go lepiej poznasz, możesz go nazywać OTW. W opublikowanej w 1916 roku OTW nakreślone zostały istotne matematyczne szczegóły tego, jak wszystko we wszechświecie porusza się pod wpływem grawitacji. Co kilka lat doświadczalnicy obmyślają coraz dokładniejsze eksperymenty poddające teorię próbie, poszerzają jednak tylko obszar jej stosowalności. Współczesny przykład tej zdumiewającej wiedzy o świecie, którą podarował nam Einstein, pochodzi z 2016 roku, kiedy to w specjalnie zaprojektowanym obserwatorium*, dostrojonym do tego jednego celu, odkryto fale grawitacyjne. Fale te, przewidziane przez Einsteina, są rozchodzącymi się z prędkością światła zmarszczkami czasoprzestrzeni, generowanymi przez bardzo silne zaburzenia grawitacyjne, takie jak zderzenie dwóch czarnych dziur.

To właśnie zaobserwowano. Wykryte po raz pierwszy fale grawitacyjne zostały wytworzone przez czarne dziury zderzające się w galaktyce oddalonej od nas o 1,3 miliarda lat świetlnych w czasie

* Laserowe Obserwatorium Interferometryczne Fal Grawitacyjnych LIGO (Laser Interferometer Gravitational Wave Observatory), zduplikowane w Hanford w stanie Washington i w Livingston w Luizjanie.

gdy Ziemia obfitowała w proste jednokomórkowe organizmy. Podczas gdy zmarszczka rozchodziła się w przestrzeni na wszystkie strony, na Ziemi – po kolejnych 800 milionach lat – wyewoluowały złożone organizmy, w tym kwiaty, dinozaury i zwierzęta latające, a także gałąź kręgowców zwanych ssakami. Pewna podgałąź ssaków rozwinęła płaty czołowe, gdzie zaczęły powstawać złożone myśli. Przedstawicieli tej podgałęzi nazywamy naczelnymi. W pojedynczej odnodze tychże naczelnych doszło do mutacji genetycznej, której zawdzięczamy powstanie mowy. Ta odnoga zaś – *Homo sapiens* – wynalazła rolnictwo, cywilizację, filozofię oraz naukę i sztukę. Wszystko to w ciągu ostatnich dziesięciu tysięcy lat. Ostatecznie jeden z jej dwudziestowiecznych naukowców wykoncypował sobie względność i przewidział istnienie fal grawitacyjnych. Sto lat później technika zdolna je zarejestrować w końcu dogoniła przewidywania, zaledwie dni przed tym jak podróżująca 1,3 miliarda lat fala grawitacyjna omyła Ziemię i została wykryta.

Zgadza się, skubaniec z tego Einsteina.

✷

Większość modeli naukowych w chwili ich zaproponowania jest wciąż niedopracowana i zostawia trochę miejsca na regulację parametrów, tak by można je było lepiej dopasować do tego, co wiemy o świecie. W modelu wszechświata heliocentrycznego (ze Słońcem w centrum) – wymyślonym przez szesnastowiecznego matematyka Mikołaja Kopernika – orbity planet były doskonałymi okręgami. Część mówiąca o krążeniu wokół Słońca była poprawna i stanowiła wielki krok naprzód w stosunku do geocentrycznego modelu świata (z Ziemią w centrum), jednakże część opisująca orbity jako idealne okręgi okazała się nieco chybiona – wszystkie planety okrążają Słońce po spłaszczonych okręgach zwanych elipsami, a nawet ten kształt jest tylko przybliżeniem bardziej skomplikowanej trajektorii. Jednak zasadnicza idea Kopernika była słuszna i to się liczyło najbardziej. Trzeba ją było tylko trochę podregulować, żeby stała się dokładniejsza.

Tymczasem w przypadku OTW zasady leżące u podstaw całej teorii wymagają, żeby wszystko działo się zgodnie z przewidywaniami. W konsekwencji Einstein zbudował coś, co przypomina domek z kart, za pomocą jedynie dwu czy trzech prostych postulatów utrzymujących całą konstrukcję. Dlatego, dowiedziawszy się o wydanej w 1931 roku książce pod tytułem *Stu autorów przeciwko Einsteinowi**, w odpowiedzi stwierdził, że gdyby się mylił, wystarczyłby tylko jeden.

W tym też leżała przyczyna jednej z najbardziej fascynujących pomyłek w historii nauki. Nowe równania grawitacji Einsteina zawierały wyraz nazwany przez niego stałą kosmologiczną, który oznaczył grecką wielką literą lambda: Λ. Ten matematycznie dozwolony, choć opcjonalny człon, pozwolił Einsteinowi opisać wszechświat statyczny.

W czasach Einsteina myśl, że nasz wszechświat robi cokolwiek innego, niż tylko zwyczajnie istnieje, przechodziła ludzkie wyobrażenie. Wyłącznym zadaniem lambdy w modelu Einsteina było więc opieranie się grawitacji tak, by utrzymać wszechświat w równowadze i przeciwstawić się naturalnej tendencji tego oddziaływania do ściągnięcia wszystkiego w jedną wielką masę. W ten sposób Einstein wymyślił wszechświat, który ani się nie rozszerzał, ani nie kurczył – zgodny z oczekiwaniami ludzi tamtych czasów.

* R. Israel, E. Ruckhaber, R. Weinmann, et al., *Hundert Autoren Gegen Einstein* (Leipzig: R. Voigtlanders Verlag, 1931).

Rosyjski fizyk Alexander Friedmann pokazał później matematycznie, że wszechświat Einsteina – choć w równowadze – jest niestabilny. Jak kula spoczywająca na szczycie góry, czekająca na najmniejszy bodziec, by stoczyć się w tym czy innym kierunku, albo jak długopis postawiony na ostrym końcu wszechświat Einsteina sadowił się w chwiejnym stanie pomiędzy rozszerzaniem a całkowitym zapadnięciem się. Co więcej, była to nowa teoria, a samo nadanie czemuś nazwy nie oznacza przecież, że to coś staje się realne. Einstein wiedział, że lambda – w sensie naturalnej ujemnej siły grawitacji – w rzeczywistym świecie nie ma odpowiednika.

*

Ogólna teoria względności radykalnie odbiegała od wszystkich poprzednich sposobów myślenia o przyciąganiu grawitacyjnym. Zamiast zadowolić się newtonowskim obrazem grawitacji jako upiornego działania na odległość (z którym sam sir Isaac Newton nie czuł się dobrze), w OTW grawitację uważa się za odpowiedź masy na miejscową krzywiznę przestrzeni i czasu wywołaną jakąś inną masą lub polem energii. Innymi słowy, skupiska masy tworzą zniekształcenia – a właściwie dołeczki – w tkance czasoprzestrzeni. Zniekształcenia te prowadzą poruszającą się masę po prostoliniowych „geodezyjnych”*, chociaż dla nas wyglądają one jak zakrzywione trajektorie, które nazywamy orbitami. Najtrafniej pomysł Einsteina podsumował dwudziestowieczny amerykański fizyk teoretyczny John Archibald Wheeler, mówiąc: „Materia mówi przestrzeni, jak się wygiąć; przestrzeń mówi materii, jak się poruszać”**.

Koniec końców, ogólna teoria względności opisywała dwa rodzaje grawitacji. Pierwszy jest nam znany – to na przykład przyciąganie pomiędzy Ziemią i podrzuconą w górę piłką lub między Słońcem a planetami. Teoria przewidywała jednak również inny rodzaj sił – tajemnicze, antygrawitacyjne ciśnienie związane z samą próżnią czasoprzestrzenną. Lambda pozwalała ocalić coś, co Einstein i wszyscy współcześni mu fizycy przyjmowali za prawdę: *status quo* statycznego wszechświata – statycznego, choć niestabilnego. Odwoływanie się do niestabilnego stanu jako naturalnego dla układu fizycznego jest

* Linia geodezyjna to niepotrzebnie fantazyjne określenie na najkrótszą drogę pomiędzy dwoma punktami po zakrzywionej powierzchni – w tym wypadku rozszerzone na najkrótszą drogę pomiędzy dwoma punktami zakrzywionej czterowymiarowej czasoprzestrzeni.

** Podczas studiów chodziłem na wykłady z ogólnej teorii względności Johna Wheelera (na których poznałem moją żonę), który często to powtarzał.

odstępstwem od credo naukowca. Nie można przecież twierdzić, że cały wszechświat jest szczególnym przypadkiem niestabilności, która na zawsze utrzyma się w równowadze. W całej historii nauki nic, co do tej pory widziano, zmierzono lub wyobrażano sobie, nie zachowywało się w taki sposób, byłby to więc niezwykły precedens.

Trzynaście lat później, w 1929 roku, amerykański astrofizyk Edwin P. Hubble odkrył, że wszechświat nie jest statyczny. Znalazł on i zgromadził przekonujące dowody na to, że im dalej znajduje się galaktyka, tym szybciej oddala się od Drogi Mlecznej. Innymi słowy, wszechświat rozszerza się. Zawstydzony stałą kosmologiczną, która nie odpowiadała żadnej znanej przyrodzie sile, jak również utraconą szansą na to, żeby samemu przewidzieć rozszerzanie się wszechświata, Einstein całkowicie odrzucił lambdę, nazywając ją największym błędem swojego życia. Wyrzucając lambdę z równania, przyjął, że jej wartość jest zerowa, jak w następującym przykładzie: załóżmy, że $A = B + C$. Jeśli potem okaże się, że $A = 10$ i $B = 10$, to A ciągle równa się B dodać C, przy czym w tym wypadku C równa się 0 i staje się w równaniu niepotrzebne.

To jednak nie koniec tej opowieści. Teoretycy przez dziesięciolecia wyciągali lambdę z grobowca i na powrót ją grzebali, żeby wyobrazić sobie, jak ich pomysły sprawdziłyby się w świecie ze stałą kosmologiczną. Sześćdziesiąt dziewięć lat później, na początku roku 1998, nauka po raz ostatni ekshumowała lambdę. Doniosłe wyniki swoich badań ogłosiły wówczas dwa konkurujące ze sobą zespoły astrofizyków: jeden prowadzony przez Saula Perlmuttera z Lawrence Berkeley National Laboratory w Berkeley w Kalifornii, a drugi – kierowany przez Briana Schmidta z obserwatoriów Mount Stromlo i Siding Spring w Australii oraz Adama Riessa z Uniwersytetu Johnsa Hopkinsa w Baltimore w Maryland. Dziesiątki najodleglejszych zaobserwowanych kiedykolwiek supernowych wyglądały na wyraźnie ciemniejsze, niż się spodziewano na podstawie dobrze opisanego zachowania tego gatunku wybuchających gwiazd. Żeby pogodzić obserwacje z teorią, należało przyjąć jedno z dwóch założeń: albo te dalekie supernowe musiały zachowywać się inaczej niż ich bliższa brać, albo musiały znajdować się o piętnaście procent dalej, niż tam, gdzie umieszczały je aktualne modele kosmologiczne. Jedynym znanym sprawcą, który „naturalnie” mógł odpowiadać za to przyspieszenie, była lambda Einsteina, czyli stała kosmologiczna. Kiedy astrofizycy odkurzyli ją i z powrotem wstawili do pierwotnego równania ogólnej teorii względności, obserwowany stan wszechświata zgodził się ze stanem równań Einsteina.

*

Supernowe wykorzystane w badaniach Perlmuttera i Schmidta warte były swojej wagi w złocie, a właściwie w jądrach mogących brać udział w fuzji termojądrowej. Do pewnego stopnia każda z tych gwiazd wybucha w ten sam sposób: zapala tę samą ilość paliwa, uwalnia tę samą gigantyczną ilość energii w tym samym czasie i dochodzi do tej samej szczytowej jasności. Supernowe służą zatem jako rodzaj wzorca metra (są tak zwanymi świecami standardowymi) do obliczania kosmicznych odległości: nie tylko do galaktyk, w których wybuchają, ale także do obiektów na najdalszych krańcach wszechświata.

Świece standardowe ogromnie upraszczają obliczenia: skoro wszystkie supernowe mają tyle samo watów mocy, te ciemniejsze są dalej, a jaśniejsze bliżej. Po zmierzeniu ich jasności (co jest prostym zadaniem) da się dokładnie powiedzieć, jak daleko są od nas i od siebie nawzajem. Gdyby jasności wszystkich supernowych nie były jednakowe, nie dałoby się ich używać jako samodzielnej miary do wyznaczania, jak daleko znajduje się któraś z nich od innej. Ciemna supernowa mogłaby wtedy być daleką wysokowatową żarówką, albo niskowatową, lecz bliską.

Wszystko świetnie. Odległość galaktyk można jednak zmierzyć jeszcze jedną metodą, poprzez prędkość ich oddalania się od Drogi Mlecznej – tego samego oddalania się, które jest nieodłączną częścią rozszerzania się wszechświata. Jak pokazał Hubble, rozszerzanie to powoduje, że odległe obiekty uciekają od nas szybciej niż bliskie. Zatem z pomiaru prędkości oddalania się galaktyki (kolejne proste zadanie) można wywnioskować, jaka dzieli nas od niej odległość.

Jeśli te dwie sprawdzone metody dają w wyniku dwie różne odległości od tego samego obiektu, coś musi się nie zgadzać. Albo supernowe są złymi świecami standardowymi, albo nasz model tempa rozszerzania się wszechświata – mierzonego prędkościami galaktyk – jest zły.

No więc coś rzeczywiście się nie zgadzało. Okazało się, że supernowe są wybornymi świecami standardowymi, które przetrwały staranną weryfikację wielu sceptycznie nastawionych badaczy. Astrofizycy zostali więc z wszechświatem, który rozszerzał się prędzej, niż sądziliśmy, umieszczając galaktyki dalej, niżby wskazywały prędkości ich oddalania się. Nie istniało żadne proste wytłumaczenie tego nadmiarowego rozszerzania się bez odwołania się do lambdy – Einsteinowskiej stałej kosmologicznej.

W ten sposób po raz pierwszy bezpośrednio potwierdzono, że wszechświat przenika przeciwdziałająca grawitacji odpychająca siła, co doprowadziło do wskrzeszenia stałej kosmologicznej. Nagle lambda stała się rzeczywista, a to wymagało jej nazwania: na środek sceny kosmicznego dramatu wyszła „ciemna energia" – termin, który świetnie oddaje zarówno jej zagadkowość, jak i nasz brak zrozumienia jej przyczyny. Za to odkrycie Perlmutter, Schmidt i Reiss zasłużenie otrzymali do podziału w 2011 roku Nagrodę Nobla.

Najdokładniejsze dotychczas pomiary wskazują na ciemną energię jako na największego kosmicznego gracza, odpowiedzialnego obecnie za 68% całej masy i energii we wszechświecie; ciemna materia składa się na 27%, a zwykła materia na zaledwie 5% wszystkiego.

*

Kształt naszego czterowymiarowego świata bierze się ze związku między ilością materii i energii zamieszkującej kosmos a tempem, w którym się on rozszerza. Praktyczną tego miarą jest parametr gęstości omega Ω – kolejna wielka grecka litera u steru kosmosu.

Kiedy weźmie się gęstość materii i energii wszechświata i podzieli ją przez gęstość potrzebną, by powstrzymać rozszerzanie (taką wartość progową nazywa się „gęstością krytyczną"), otrzymuje się omegę.

Ponieważ zarówno masa, jak i energia powodują zniekształcanie się lub zakrzywianie czasoprzestrzeni, omega mówi, jaki kosmos ma kształt. Jeśli omega jest mniejsza od jeden, rzeczywista ilość materii i energii jest poniżej wartości krytycznej, a wszechświat już zawsze będzie się rozszerzać we wszystkich kierunkach, przyjmując kształt siodła, na którym proste na początku równoległe potem się rozchodzą. Jeśli omega równa się jeden, wszechświat też będzie rozszerzać się w nieskończoność, ale ledwie, ledwie. W tym wypadku kształt czasoprzestrzeni jest płaski i zachowuje wszelkie reguły geometrii prostych równoległych, których uczyliśmy się w szkole. Jeśli omega jest większa od jeden, proste równoległe zbiegają się, a wszechświat będzie zakrzywiać się z powrotem ku sobie i ostatecznie z powrotem zapadnie się w kulę ognia, z której powstał.

Nigdy, odkąd Hubble odkrył rozszerzanie się wszechświata, żaden zespół astrofizyków nie dokonał wiarygodnego pomiaru omegi, który choćby w przybliżeniu dawałby jedność. Zsumowanie całej masy i energii, którą badacze mogli zaobserwować swoimi teleskopami, a nawet wnioskowanie wybiegające poza te granice, włączywszy w to ciemną materię, dawało w najlepszym wypadku, przy najdokładniejszych obserwacjach, co najwyżej $\Omega=0,3$. Jeśli chodzi o wyniki obserwacji, wszechświat był „otwarty" na przyszłość, galopując na jednokierunkowym siodle.

Tymczasem, począwszy od 1979 roku, amerykański fizyk Alan H. Guth z Massachusetts Institute of Technology i inni badacze rozwijali poprawkę do teorii Wielkiego Wybuchu. Uprzątnęła one pewne dokuczliwe problemy z tym, żeby dostać świat tak równomiernie wypełniony materią i energią jak nasz. Zasadniczym skutkiem ubocznym tej przeróbki było przesunięcie omegi ku jedynce.

Nie ku połowie. Nie ku dwójce. Nie ku milionowi. Ku jedynce.

Mało który teoretyk miałby zastrzeżenia do tego wymagania, ponieważ pomogło ono teorii Wielkiego Wybuchu wyjaśnić globalne własności znanego wszechświata. Pojawił się za to inny, drobny problem: po poprawce teoria przewidywała trzy razy więcej masy i energii, niż dało się zaobserwować. Niezrażeni teoretycy powiedzieli astronomom obserwacyjnym, że po prostu za słabo się starali.

Po ostatecznym podliczeniu wyniku sama widzialna materia odpowiadała za nie więcej niż 5% gęstości krytycznej. A co z tą zagadkową ciemną materią? Ją też dodano. Nikt nie wiedział, czym jest – dalej zresztą tego nie wiemy – ale z pewnością dała spory wkład do całkowitej sumy. Dostajemy stąd pięć czy sześć razy tyle ciemnej materii co widzialnej. Ale to ciągle o wiele za mało. Astronomowie byli w kropce, ale teoretycy mówili im, żeby szukali dalej.

Oba obozy były przekonane, że myli się ten drugi – do czasu odkrycia ciemnej energii. Ten pojedynczy składnik, dodany do zwykłej materii i energii oraz ciemnej materii, podniósł gęstość masy i energii wszechświata do progu krytycznego – zadowalając przy tym równocześnie astronomów obserwacyjnych i teoretyków.

Po raz pierwszy obie grupy się pogodziły. Na swój sposób jedni i drudzy mieli rację. Omega równa się jeden, jak domagali się tego od wszechświata teoretycy, pomimo że nie da się jej otrzymać sumując całą materię – ciemną czy nie – jak naiwnie zakładali. Po kosmosie wcale nie lata sobie więcej materii, niż oszacowano na podstawie obserwacji.

Nikt nie przewidział przytłaczającej obecności kosmicznej ciemnej energii ani nie przypuszczał, że stanie się ona wielką rozjemczynią.

✷

Czym zatem ona jest? Nikt tego nie wie. Przy obecnym stanie wiedzy najlepiej byłoby przyjąć, że ciemna energia to efekt kwantowy, w którym próżnia kosmiczna, zamiast być pusta, w rzeczywistości kipi od cząstek i antycząstek. Pojawiają się one i znikają parami, utrzymując się jednak niedostatecznie długo, by dało się je zmierzyć. Przelotność ich bytu została uchwycona w określeniu „cząstki wirtualne". Niezwykłe wyniki fizyki kwantowej – nauki o rzeczach małych – domagają się, by traktować ten pomysł z należytą uwagą. Każda para cząstek wirtualnych, kiedy na niezwykle krótką chwilę przedrze się do rzeczywistej przestrzeni, wywiera tam drobne rozpychające ciśnienie.

Niestety kiedy oszacuje się ilość tego odpychającego ciśnienia próżni powstałego ze skróconych żyć cząstek wirtualnych, wynik jest 10^{120} razy większy niż doświadczalnie ustalona wartość stałej kosmologicznej. Jest to idiotycznie duży czynnik, prowadzący do największego rozdźwięku pomiędzy teorią a eksperymentem w historii nauki.

Owszem, błądzimy po omacku. Nie jest to jednak błądzenie beznadziejne. Ciemna energia nie jest niesiona prądem i niezdolna do zakotwiczenia się w żadnej teorii. Zacumowała ona w jednej z najbezpieczniejszych przystani, jaką sobie możemy wyobrazić – w Einsteinowskich równaniach ogólnej teorii względności. Jest stałą kosmologiczną. Jest lambdą. Czymkolwiek się nie okaże, my już wiemy, jak ją zmierzyć i jak obliczyć jej wpływ na przeszłość, teraźniejszość i przyszłość kosmosu.

Bez wątpienia największą pomyłką Einsteina było oświadczenie, że lambda była jego największą pomyłką.

*

Poszukiwania wciąż trwają. Skoro już wiemy, że ciemna energia jest prawdziwa, zespoły astrofizyków rozpoczęły ambitne programy mające na celu pomiar odległości i wzrostu struktur we wszechświecie za pomocą teleskopów naziemnych oraz wyniesionych w przestrzeń kosmiczną. Obserwacje te szczegółowo sprawdzą wpływ ciemnej energii na historię rozszerzania się wszechświata i bez wątpienia zapewnią też zajęcie teoretykom. Rozpaczliwie potrzebują odpokutować za to, jak żenująco nietrafne okazało się ich obliczenie ciemnej energii.

Czy potrzebujemy alternatywy do OTW? Czy mariaż OTW z mechaniką kwantową wymaga remontu kapitalnego? Czy jest jakaś teoria ciemnej energii, która czeka na odkrycie przez wyjątkowo bystrą, nienarodzoną jeszcze osobę?

Niezwykłą cechą lambdy i przyspieszającego wszechświata jest to, że odpychająca siła powstaje z próżni, a nie z czegoś materialnego. Kiedy próżnia rośnie, gęstość materii i (znanej nam) energii we wszechświecie maleje i stosunkowo tym większy staje się wpływ lambdy na stan kosmicznych rzeczy. Im większe staje się rozpychające ciśnienie, tym więcej pojawia się próżni, a im więcej próżni, tym więcej tego ciśnienia, co powoduje niekończące się, wykładnicze przyspieszenie tempa rozszerzania się wszechświata.

W wyniku tego wszystko to, co nie sąsiaduje z Drogą Mleczną i nie jest z nią grawitacyjnie związane, oddali się ze wzrastającą wciąż prędkością jako element rozszerzającej się coraz szybciej czasoprzestrzeni. Odległe galaktyki, które obecnie są widoczne na nocnym niebie, ostatecznie znikną za niedosiężnym horyzontem, oddalając się od nas z prędkością większą od prędkości światła. Sztuka ta jest dozwolona dlatego, że to nie one poruszają się z taką prędkością w przestrzeni, lecz sama czasoprzestrzeń wszechświata tak szybko je unosi. Nie zabrania tego żadne prawo fizyki.

Za jakiś bilion lat, jeśli ktoś będzie żył w naszej Galaktyce, może już niczego nie wiedzieć o pozostałych. Dostrzegalny dla niego świat będzie się składał zaledwie z układu pobliskich, długożyjących gwiazd w Drodze Mlecznej. Poza tą gwiaździstą nocą leżeć będzie bezkresna próżnia – ciemności zalegające bezmiar przestrzeni*.

Ciemna energia, fundamentalna własność kosmosu, ostatecznie uniemożliwi przyszłym pokoleniom zrozumienie wszechświata, który im się trafił. O ile tylko współcześni astrofizycy z naszej galaktyki nie zachowają niezwykłych zapisów i nie zakopią jakiejś fantastycznej kapsuły czasu na bilion lat, postapokaliptyczni naukowcy nie będą wiedzieć nic o galaktykach – o głównej strukturze uporządkowania materii w kosmosie – zostanie im więc odebrany dostęp do najważniejszych stron kosmicznego dramatu, którym jest nasz wszechświat.

A oto nękający mnie koszmar: czy my też przegapiliśmy jakieś podstawowe fragmenty istniejącego niegdyś wszechświata? Jaką część kosmicznych kronik oznaczono napisem „brak dostępu"? Co w naszych

* Ks. Rodzaju 1,2, Biblia Warszawsko-Praska (przyp. tłum.).

teoriach i równaniach powinno być, a jest nieobecne i sprawia, że po omacku szukamy odpowiedzi, których może nigdy nie znajdziemy?

7

Układ z kosmosem

Niekiedy potrzeba głębokiej i rozległej wiedzy o wszechświecie, żeby móc odpowiedzieć na trywialne pytania. Kiedy chodziłem do szkoły, na lekcji chemii zapytałem nauczyciela, skąd się wzięły pierwiastki układu okresowego. On na to, że ze skorupy ziemskiej. W jednym się z nim zgodzę – na pewno stamtąd biorą je producenci chemii. Ale jak zdobyła je skorupa ziemska? Odpowiedź musi być astronomiczna. Czy jednak żeby jej udzielić, trzeba wiedzieć, jaki był początek i rozwój wszechświata?

Otóż trzeba.

Jedynie trzy występujące w naturze pierwiastki wyprodukował Wielki Wybuch. Pozostałe uformowały się w bardzo gorących sercach gwiazd i ich wybuchowych resztkach, przez co mogły się w nie wzbogacić kolejne pokolenia układów gwiezdnych, tworząc planety i – w wypadku naszej – ludzi.

Dla wielu osób układ okresowy pierwiastków chemicznych jest zapomnianym dziwactwem – tabelą z polami wypełnionymi tajemnymi, niezrozumiałymi literami, którą po raz ostatni widzieli na ścianie licealnej pracowni chemicznej. A przecież tabela ta, stanowiąca reguły porządkujące chemiczne własności wszystkich poznanych i nieodkrytych jeszcze pierwiastków we wszechświecie, powinna być symbolem kultury, świadectwem nauki jako międzynarodowego przedsięwzięcia ludzkości realizowanego przez nią w laboratoriach, akceleratorach cząstek i na rubieżach dostępnego dlań kosmosu.

Mimo to co pewien czas nawet naukowcy łapią się na myśleniu o układzie okresowym jako o zoo zamieszkiwanym przez najróżniejsze postaci rodem z kreskówek wytwórni Warner Bros. Bo trudno pomieścić w głowie, że sód to trujący, reaktywny metal, który da się kroić nożem do masła, a czysty chlor to śmierdzący, zabójczy gaz, ale że kiedy złączy się je w chlorek sodu, utworzą nieszkodliwy, biologicznie niezbędny związek znany szerzej jako sól kuchenna? A co dopiero wodór i tlen! Jeden to wybuchowy gaz, podczas gdy drugi jest motorem napędowym gwałtownego spalania; tymczasem połączone tworzą ciekłą wodę, która gasi płomienie.

W takich chemicznych gawędach pojawiają się pierwiastki istotne dla kosmosu, co pozwala mi pokazać układ okresowy widziany przez szkiełko okiem astrofizyka.

✷

Z jądrem, którym jest po prostu jeden proton, wodór jest najlżejszym i najprostszym pierwiastkiem, wytworzonym w całości podczas Wielkiego Wybuchu. Pośród dziewięćdziesięciu czterech występujących w naturze pierwiastków to on stanowi więcej niż dwie trzecie atomów ludzkiego ciała i ponad 90% wszystkich atomów w kosmosie – we wszelkich skalach wielkości, od Układu Słonecznego począwszy. W jądrze masywnego Jowisza na wodór działa tak duże ciśnienie, że zachowuje się tam bardziej jak przewodzący metal niż gaz, wytwarzając najsilniejsze w naszej okolicy planetarne pole magnetyczne. Angielski chemik Henry Cavendish odkrył wodór w 1766 roku w trakcie doświadczeń z H_2O (greckie *ydrogóno*, z którego pochodzi łacińska i angielska nazwa wodoru, oznacza „tworzącego wodę"), choć astrofizykom znany jest przede wszystkim jako pierwszy naukowiec, który obliczył masę Ziemi, zmierzywszy dokładną wartość stałej grawitacyjnej ze słynnego równania będącego zapisem prawa powszechnego ciążenia Newtona.

Codziennie w każdej sekundzie cztery i pół miliarda ton szybko poruszających się jąder wodoru zamienia się w energię w wyniku zderzeń produkujących hel w rozgrzanym do piętnastu milionów stopni jądrze słonecznym.

*

Hel jest powszechnie znany jako ogólnodostępny, rozrzedzony gaz, który nabrany w płuca chwilowo zwiększa częstotliwość drgań w tchawicy i krtani, co powoduje, że brzmi się jak Myszka Miki. Jest to drugi najprostszy i drugi najpowszechniej występujący pierwiastek we wszechświecie. Mimo że pod względem ilości dalece przegrywa z wodorem, jest go cztery razy tyle, co wszystkich pozostałych pierwiastków razem wziętych. Jednym z filarów kosmologii Wielkiego Wybuchu jest przewidywanie mówiące, że co najmniej dziesięć procent atomów w każdym rejonie kosmosu to hel, w takich proporcjach wyprodukowany w pierwotnej buzującej kuli ognia, jaką był nasz wszechświat w chwili narodzin. Ponieważ fuzja termojądrowa wodoru wewnątrz gwiazd wytwarza hel, w niektórych obszarach kosmosu mogło się go nazbierać więcej niż te przydziałowe dziesięć procent, ale – zgodnie z przewidywaniami – nie znaleziono dotąd rejonu Galaktyki, w którym byłoby go mniej.

Jakieś trzydzieści lat przed jego odkryciem i wyizolowaniem na Ziemi, astronomowie wykryli hel w widmie korony słonecznej podczas całkowitego zaćmienia w 1868 roku. Jak już mówiłem, nazwa helu pochodzi, nomen omen, od Heliosa, greckiego boga słońca. Hel, którego wypór w powietrzu to 92% wyporu działającego na wodór, pozbawiony przy tym jego wybuchowości, to najlepszy gaz do nadmuchiwania wielkich balonowych postaci na nowojorską paradę z okazji Święta Dziękczynienia. To właśnie dlatego jej organizator – sieć domów towarowych Macy's – zajmuje w Stanach Zjednoczonych drugie miejsce po armii w zużyciu tego pierwiastka.

*

Trzecim najprostszym pierwiastkiem na świecie, mającym w jądrze trzy protony, jest lit. Podobnie jak wodór i hel, lit wytworzony został podczas Wielkiego Wybuchu, ale w przeciwieństwie do helu, który może być produkowany w jądrach gwiazd, ulega zniszczeniu w każdej znanej reakcji jądrowej. Kolejne przewidywanie kosmologii Wielkiego Wybuchu mówi, że w dowolnym rejonie wszechświata lit powinien stanowić nie więcej niż jeden procent atomów. Nikt jeszcze nie odkrył galaktyki, w której ilość litu przekraczałaby tę górną granicę ustaloną przez Wielki Wybuch. Połączenie górnego ograniczenia na lit i dolnego na hel to bardzo wymagające „widełki", przy pomocy których możemy testować kosmologiczną teorię Wielkiego Wybuchu.

*

Węgiel można znaleźć w większej liczbie rodzajów cząsteczek, niż wynosi liczba wszystkich pozostałych typów cząsteczek razem wziętych. Wziąwszy pod uwagę obfitość występowania węgla w kosmosie – produkowanego w jądrach gwiazd, wyrzucanego na ich powierzchnię i w wielkich ilościach rozsiewanego po Galaktyce – nie istnieje lepszy pierwiastek, na którym dałoby się oprzeć chemię życia i jego różnorodność. Tlen, nieznacznie wyprzedzający węgiel w rankingu ilości, również jest powszechnie wytwarzany w gwiazdach i uwalniany w postaci resztek po ich wybuchu. Zarówno tlen, jak i węgiel są głównymi składnikami życia takiego, jakim je znamy.

A co z życiem, którego nie znamy? Co z organizmami żywymi opartymi na krzemie? Krzem znajduje się w układzie okresowym pierwiastków bezpośrednio pod węglem, co oznacza, że w zasadzie potrafi tworzyć taki sam asortyment cząsteczek. Koniec końców spodziewamy się wygranej węgla, ponieważ jest go w kosmosie dziesięciokrotnie więcej niż krzemu. Nie powstrzymuje to jednak pisarzy science fiction przed snuciem domysłów, jak też będzie wyglądać pierwsza prawdziwie obca forma życia oparta na krzemie; ich koncepcje każą egzobiologom mieć się na baczności!

Sód, poza tym, że chwilowo pełni rolę substancji aktywnej w soli kuchennej, jest najczęściej spotykanym w Stanach Zjednoczonych gazem jarzeniowym miejskich lamp. „Palą" się one jaśniej i dłużej niż żarówki, chociaż niedługo mogą zostać wyparte przez LED-y, które przy danej mocy świecą jeszcze jaśniej i są jeszcze tańsze. Najczęściej spotykamy dwa rodzaje lamp sodowych: wysokociśnieniowe, o żółtobiałym blasku, i nieco rzadsze, niskociśnieniowe, jarzące się na pomarańczowo. Okazuje się przy tym – choć żadne zanieczyszczenie świetlne nie sprzyja uprawianiu astrofizyki – że niskociśnieniowe lampy sodowe są najmniej niepożądane, gdyż związane z nimi zakłócenia dają się łatwo odjąć od danych teleskopowych.

W ramach wzorcowej współpracy z astrofizykami z Narodowego Obserwatorium Kitt Peak najbliższe duże miasto – Tucson w Arizonie – zamieniło wszystkie latarnie uliczne na lampy sodowe niskociśnieniowe.

*

Choć glin tworzy niemal dziesięć procent skorupy ziemskiej, starożytni o nim nie wiedzieli i niezbyt dobrze znali go również nasi pradziadkowie. Pierwiastek ten został wyizolowany i zidentyfikowany dopiero w 1827 roku, a do powszechnego użytku nie wszedł aż do późnych lat sześćdziesiątych XX wieku, kiedy to puszki cynowe i cynfolia ustąpiły miejsca puszkom aluminiowym i – rzecz jasna – folii aluminiowej (założę się, że starszym ludziom, których znasz, ciągle zdarza się nazywać ją cynfolią). Polerowane aluminium stanowi niemal idealną powierzchnię odbijającą światło widzialne i powleczone są nim dzisiaj lustra prawie wszystkich teleskopów.

Tytan jest 1,7 raza gęstszy od aluminium, ale już ponad dwukrotnie twardszy. Ten pierwiastek – dziewiąty pod względem częstości występowania w skorupie Ziemi – stał się współcześnie faworytem w wielu zastosowaniach. Tytan – metal lekki i wytrzymały – świetnie sprawdza się na przykład w produkcji elementów wojskowych statków powietrznych czy protez.

W większości zakątków kosmosu liczba atomów tlenu przekracza liczbę atomów węgla. Kiedy już każdy węgiel uchwyci się dostępnych atomów tlenu (tworząc tlenek lub dwutlenek węgla), pozostałe wiążą się z innymi pierwiastkami, takimi jak tytan. Widma czerwonych gwiazd poprzecinane są liniami charakterystycznymi dla tlenku tytanu, który nieobcy jest również ziemskim gwiazdom – gwiezdnym szafirom i rubinom, które promienisty asteryzm* zawdzięczają domieszkom dwutlenku tytanu w swojej sieci krystalicznej. Co więcej, pigment białej farby używanej na kopułach obserwatoriów to też dwutlenek tytanu, który – tak się składa – świetnie odbija podczerwoną część widma, co znacznie redukuje ilość słonecznego ciepła nagromadzonego w otaczającym teleskop powietrzu. W nocy przy otwartej kopule temperatura wokół teleskopu gwałtownie zrównuje się z temperaturą nocnego powietrza, dzięki czemu światło gwiazd i innych kosmicznych obiektów widziane jest ostro i wyraźnie. Tytan nie otrzymał nazwy bezpośrednio

* Autor nie uprawia tu poezji, lecz mówi o zjawisku optycznym występującym w kamieniach szlachetnych, które polega na pojawianiu się w nich promieniście rozchodzących się smug światła (przyp. tłum.).

po jakimś ciele niebieskim, wywodzi się ona od tytanów z mitologii greckiej – podobnie jak nazwa Tytana, największego księżyca Saturna.

*

Najważniejszym pierwiastkiem we wszechświecie jest pod wieloma względami żelazo. Ciężkie gwiazdy wytwarzają pierwiastki w swoich rdzeniach, przechodząc po kolei przez układ okresowy: od helu przez węgiel, tlen, azot i tak dalej, aż do żelaza. Z dwudziestoma sześcioma protonami i przynajmniej taką samą liczbą neutronów w jądrze atomowym żelazo wyróżnia się najmniejszą spośród wszystkich pierwiastków całkowitą energią przypadającą na jedną cząstkę składową jądra. Oznacza to coś bardzo prostego: jądra żelaza pochłaniają energię, zarówno kiedy się je rozszczepia, jak i wtedy, gdy łączy się je w syntezie jądrowej. Tymczasem gwiazdy zajmują się wytwarzaniem energii. Zatem gwiazdom o dużej masie, produkującym i gromadzącym w swoich rdzeniach żelazo, śmierć zagląda w oczy. Bez źródła tryskającego energią zapadają się one pod własnym ciężarem, po czym natychmiastowo eksplodują w iście kosmicznym wybuchu supernowej, który przez ponad tydzień potrafi przyćmić blaskiem miliard słońc.

✷

Gal, miękki metal, ma tak niską temperaturę topnienia, że jak masło kakaowe upłynnia się pod dotykiem dłoni. Poza tą sztuczką (dobrą do pokazania znajomym) gal nie jest dla astrofizyków specjalnie interesujący, chyba że mowa o jego chlorku, stosowanym w eksperymentach, w których próbuje się wykrywać nieuchwytne neutrina słoneczne. Olbrzymią stutonową podziemną kadź wypełnioną ciekłym trójchlorkiem galu monitoruje się, by zarejestrować zderzenia neutrin z jądrami galu, zmieniającymi się wówczas w jądra germanu. Gdy dochodzi do takiego spotkania, emitowany jest błysk „światła" rentgenowskiego – rejestrując go, zliczamy każde uderzenie neutrina w jądro. Wieloletnią zagadkę neutrin słonecznych, których wykrywano mniej, niż przewidywała teoria, rozwiązano za pomocą takich właśnie „teleskopów".

✷

Pierwiastek technet jest radioaktywny pod każdą postacią. Nie dziwi więc fakt, że na Ziemi można go znaleźć jedynie w akceleratorach cząstek, w których wytwarzany jest na żądanie. Tę wyróżniającą go cechę technet manifestuje swoją nazwą, pochodzącą od greckiego słowa *technetos* – „sztuczny". Z niezrozumiałych do końca powodów występuje on w atmosferach jedynie kilku czerwonych gwiazd. Nie byłoby w tym nic niepokojącego, gdyby nie fakt, że okres połowicznego zaniku technetu wynosi zaledwie dwa miliony lat, a to o wiele, wiele krócej niż wiek i przewidywana długość życia gwiazd, w których go wykryto. Innymi słowy, gwiazda nie mogła się z nim narodzić, bo do teraz nie zostałby po nim ślad. Nie znamy również żadnego mechanizmu odpowiedzialnego za wytwarzanie technetu w jądrze gwiazdy i równocześnie wydobywanie go na powierzchnię – bo tam się go obserwuje. Doprowadziło to do powstania oryginalnych teorii, co do których nie ma jeszcze w społeczności astrofizyków zgodnej opinii.

✷

Wraz z osmem i platyną iryd plasuje się w trójce najcięższych (najgęstszych) pierwiastków w układzie okresowym – sześćdziesiąt decymetrów sześciennych irydu waży tyle co typowy buick, dzięki czemu jest on znakomitym materiałem na przyciski do papieru; wykonane z niego, dadzą odpór podmuchom wszystkich znanych wentylatorów biurkowych. Iryd występuje też w największym na świecie dowodzie rzeczowym zabójstwa. Na całym globie jego cienka warstwa spoczywa w osadach geologicznych na słynnej granicy kreda–paleogen (K–Pg)* sprzed sześćdziesięciu pięciu milionów lat. Niezupełnie przypadkowo odpowiada to okresowi, w którym wymarły wszystkie gatunki lądowe większe od bagażu podręcznego – w tym legendarne dinozaury. Iryd rzadko występuje na powierzchni Ziemi, ale stosunkowo często spotykany jest w dziesięciokilometrowych asteroidach metalicznych, które w chwili zderzenia z Ziemią wyparowują i rozrzucają swoje atomy po całej planecie. Jakąkolwiek byś więc miał ulubioną teorię dotyczącą sprzątnięcia dinozaurów, przybyła z przestrzeni kosmicznej asteroida zabójca wielkości Mount Everestu powinna znaleźć się na szczycie listy.

✷

Nie wiem, jak poczułby się z tym Albert, ale w odpadach pozostałych po pierwszej próbie bomby wodorowej na atolu Enewetak na południu Oceanu Spokojnego, 1 listopada 1952 roku, odkryto nieznany pierwiastek, który nazwano na jego cześć ajnsztajnem. Ja bym go pewnie nazwał armagedonem.

* Dla starych wyjadaczy: warstwę tę zwano dawniej granicą kreda––trzeciorzęd (K–T).

Tymczasem dziesięć pozycji w układzie okresowym otrzymało nazwy od obiektów okrążających Słońce.

Fosfor pochodzi od greckiego słowa *fosforos* – „niosący światło", jak w starożytności nazywano planetę Wenus, kiedy pojawiała się o świcie, przed wschodem słońca.

Selen pochodzi od *selene*, czyli greckiej nazwy Księżyca, ponieważ pierwiastek ten znajdowano w rudach zawsze w towarzystwie telluru, a ten miał już swoją nazwę pochodzącą od Ziemi, z łaciny *tellus*.

Pierwszego stycznia 1801 roku włoski astronom Giuseppe Piazzi odkrył nową planetę na okołosłonecznej orbicie znajdującej się w podejrzanie dużej przerwie pomiędzy orbitami Marsa i Jowisza. Trzymając się tradycji nadawania planetom imion rzymskich bogów, nazwał ten obiekt na cześć bogini urodzaju – Ceres (jest to również rdzeń angielskiego słowa *cereal*, oznaczającego płatki zbożowe). Środowisko naukowe było wtedy tak mocno poruszone sukcesem Piazziego, że pierwszy odkryty od tego czasu pierwiastek na pamiątkę nazwano cerem. Dwa lata później spostrzeżono kolejną planetę, krążącą w tej samej przerwie co Ceres. Nadano jej imię rzymskiej bogini mądrości, Pallas, i na pamiątkę – zupełnie jak w wypadku ceru – pierwszy odkryty potem pierwiastek nazwano palladem. Kilkadziesiąt lat później to imieninowe imprezowanie dobiegło końca. Po odkryciu jeszcze dziesiątków podobnych planet w tejże samej strefie orbitalnej, bliższa analiza wykazała, że są to obiekty nieporównanie mniejsze od najmniejszych znanych planet. W Układzie Słonecznym znaleziono nowy pas nieruchomości zaludniony przez niewielkie, pobrużdżone bryły skał i metali. Ceres i Pallas nie są planetami. Są asteroidami zamieszkującymi pas planetoid, o którym obecnie wiemy, że zawiera setki tysięcy obiektów – ciut więcej niż liczba pierwiastków w układzie okresowym.

Rtęć (metal płynny i ruchliwy już w temperaturze pokojowej), w języku angielskim *mercury*, oraz planeta Merkury, najszybsza ze wszystkich w Układzie Słonecznym, otrzymały imię słynącego z chyżości rzymskiego boga posłańca.

Tor otrzymał nazwę pochodzącą od Thora, tego muskularnego, władającego piorunami nordyckiego boga, który odpowiada Jowiszowi z mitologii rzymskiej. I – na Jowisza! – obrazy okołobiegunowych obszarów Jowisza z teleskopu kosmicznego Hubble'a pokazują rozległe wyładowania elektryczne głęboko w jego wzburzonych warstwach chmur.

Wielka szkoda, ale Saturn, moja ulubiona planeta*, nie ma nazwanego po sobie pierwiastka, ale Uran, Neptun i Pluton mają sławnych imienników.

Pierwiastek uran zidentyfikowano w 1789 roku i nazwano na cześć planety odkrytej przez Williama Herschela zaledwie osiem lat wcześniej. Wszystkie odmiany – izotopy – uranu są niestabilne i samoistnie rozpadają się na lżejsze pierwiastki, oddając przy tym energię. Uran był aktywnym składnikiem pierwszej wykorzystanej w działaniach wojennych bomby atomowej, którą Stany Zjednoczone zrzuciły na Hiroszimę, spalając miasto 6 sierpnia 1945 roku. O uranie, mającym dziewięćdziesiąt dwa protony upakowane w jądrze, powszechnie mówi się jako o największym występującym w naturze pierwiastku, mimo że w tych samych miejscach, gdzie wydobywa się rudę uranową, znaleźć można śladowe ilości większych od niego.

Skoro Uran zasługiwał na nazwanie jego imieniem pierwiastka, to również i Neptun. Jednakże w przeciwieństwie do uranu, odkrytego niedługo po planecie imienniczce, neptun odkryto w 1940 roku w cyklotronie w Berkeley dopiero dziewięćdziesiąt siedem lat po tym, jak niemiecki astronom Johann Galle odszukał

* Właściwie to Ziemia jest moją ulubioną planetą, a dopiero po niej Saturn.

Neptuna na niebie w miejscu, które przewidział francuski matematyk Joseph Le Verrier po zbadaniu dziwnego zachowania orbity Urana. Tak jak Neptun jest w Układzie Słonecznym tuż za Uranem, tak neptun znajduje się tuż za uranem w układzie okresowym pierwiastków.

Cyklotron z Berkeley odkrył (czy może wyprodukował?) wiele pierwiastków niewystępujących w naturze, w tym pluton, zajmujący w tablicy Mendelejewa miejsce tuż po neptunie i noszący nazwę planety Pluton, którą Clyde Tombaugh wypatrzył w 1930 roku w Obserwatorium Lowella w stanie Arizona. Podobnie jak w wypadku Ceres 129 lat wcześniej, ekscytacja wzięła górę. Pluton był pierwszą planetą odkrytą przez Amerykanina i z braku dokładniejszych danych był powszechnie uważany za ciało rozmiarami i masą porównywalne z Ziemią, jeśli nie z Uranem czy Neptunem. W miarę jak nasze próby pomiaru jego wielkości stawały się coraz lepiej dopracowane, Pluton stawał się coraz mniejszy. Nasza wiedza o jego rozmiarach ustaliła się dopiero pod koniec lat osiemdziesiątych XX wieku. Teraz już wiemy, że mroźny, oblodzony Pluton jest zdecydowanie najmniejszą z dziewięciu planet, wyróżniającą się tym małym szczegółem, że jest jeszcze drobniejszy niż sześć największych księżyców w Układzie Słonecznym. I – zupełnie jak to było z asteroidami – odkryto później jeszcze setki obiektów w dalekim Układzie Słonecznym o orbitach zbliżonych do orbity Plutona. Zapowiadało to zwolnienie go z etatu planety oraz ujawnienie dotychczas nieudokumentowanego rezerwuaru niewielkich lodowych ciał, w tym komet, zwanego Pasem Kuipera, do którego należy także Pluton. Zważywszy na to, można by twierdzić, że Ceres, Pallas i Pluton wślizgnęły się do układu okresowego ustrojone w cudze piórka.

Niestabilny pluton klasy zbrojeniowej był aktywnym składnikiem amerykańskiej bomby atomowej, która wybuchła nad japońskim miastem Nagasaki, zaledwie trzy dni po Hiroszimie, i błyskawicznie położyła kres drugiej wojnie światowej. Niewielkie ilości promieniotwórczego plutonu klasy reaktorowej można zaś wykorzystać do zasilania radioizotopowych generatorów termoelektrycznych (w skrócie zwanych, jak prawie można się spodziewać, RTG) dla statków kosmicznych podróżujących na kraniec Układu Słonecznego, gdzie natężenie światła Słońca spada poniżej poziomu użytecznego dla paneli słonecznych. Z pół kilograma plutonu uzyskuje się trzysta tysięcy kilowatogodzin energii cieplnej, co wystarczyłoby do zasilania zwykłej żarówki przez trzysta pięćdziesiąt lat lub człowieka przez tyle samo czasu, jeśli tylko mogłoby go napędzać paliwo jądrowe, a nie produkty ze spożywczaka.

*

Tak oto kończy się nasza kosmiczna podróż po układzie okresowym pierwiastków chemicznych, która zawiodła nas aż na rubieże Układu Słonecznego, a nawet dalej. Z przyczyn, których wciąż nie pojmuję, wielu ludzi nie lubi chemii, co może tłumaczyć nieprzemijający trend, by pozbywać się jej z pożywienia. Być może odstraszająco brzmią te niestrawne wielosylabowe nazwy związków chemicznych – jednak w takim wypadku powinniśmy raczej winić chemików, a nie same substancje chemiczne. Jeśli o mnie chodzi, dobrze się z nimi czuję, i to w dowolnym miejscu we wszechświecie. Przecież zarówno moje ulubione gwiazdy, jak i moi przyjaciele są z nich zbudowani.

8

O byciu krągłym

Poza kryształami i nadkruszonymi skałami natura zna niewiele kanciastych obiektów w kosmosie. Chociaż dużo przedmiotów ma specyficzne kształty, lista tych okrągłych jest praktycznie nieskończona, począwszy od zwykłych baniek mydlanych, a skończywszy na całym dostrzegalnym wszechświecie. Kuliste kształty są wyraźnie preferowane ze względu na działanie prostych praw fizyki. Ta tendencja jest tak powszechna, że często w eksperymencie myślowym zakładamy sferyczność jakiegoś obiektu, żeby tylko mieć wgląd w podstawy danego zjawiska, chociaż wiemy, że obiekt ów wyraźnie odbiega kształtem od kuli. Krótko mówiąc, jeśli nie rozumiemy zachowania obiektu w wariancie sferycznym, nie rozumiemy podstaw fizycznych rozważanej sytuacji.

Sfery są w naturze dziełem sił, które starają się zmniejszyć daną rzecz ze wszystkich stron – takich jak napięcie powierzchniowe. Napięcie powierzchniowe cieczy, powodując powstawanie baniek mydlanych, ściska powietrze z każdej strony. W chwili ich tworzenia zamyka ono objętość gazu najmniejszą możliwą powierzchnią. W wyniku tego tworzy się najmocniejsza możliwa bańka, ponieważ mydlana błonka nie musi nigdzie się rozciągać i być cieńsza, niż jest to absolutnie konieczne. Matematyka z pierwszego roku studiów wystarcza, by pokazać, że jedynym kształtem, który ma najmniejsze pole powierzchni zamykające daną objętość, jest idealna sfera. Zasadniczo dałoby się oszczędzić miliardy dolarów rocznie na materiałach pakunkowych, gdyby wszystkie przesyłki i opakowania na jedzenie w sklepach były sferyczne. Na przykład zawartość największego opakowania płatków śniadaniowych spokojnie zmieściłaby się w kartonowej kuli o promieniu dwunastu centymetrów. Zaważyły jednak sprawy praktyczne – nikt nie chce się uganiać po alejkach sklepowych za staczającymi się z półek opakowaniami.

Na Ziemi jednym ze sposobów produkcji łożysk kulkowych jest obróbka mechaniczna lub spuszczanie odmierzonych kropel stopionego metalu z wysokiego szybu. Kapka metalu zwykle chwilę faluje, zanim ustali się jej kulisty kształt, i musi mieć dość czasu, by stężeć przed uderzeniem o dno. W stacjach kosmicznych na orbicie, gdzie wszystko jest nieważkie, po delikatnym wyciśnięciu dokładnej ilości stopionego metalu ma się czasu jak lodu – krople zwyczajnie unoszą się w powietrzu, a całą robotę wykonuje napięcie powierzchniowe, do czasu aż ostygną i stwardnieją w postaci idealnych kul.

*

Energia i grawitacja zmówiły się przeciwko dużym ciałom niebieskim i zamieniły je w kule. Siła ciążenia prowadzi do zbierania materii ze wszystkich stron, ale nie zawsze wygrywa – wiązania chemiczne ciał stałych są silne. Wbrew ciążeniu Ziemi w wyniku sprężystości skał skorupy ziemskiej wyrosły Himalaje. Zanim jednak rozentuzjazmujemy się potężnymi ziemskimi górami, powinniśmy się dowiedzieć, że różnica wysokości między najgłębszymi oceanicznymi rowami a najwyższymi szczytami wynosi około dwudziestu kilometrów, podczas gdy średnica Ziemi to niemal trzynaście tysięcy kilometrów. Zatem wbrew temu, co wydaje się tycim, pełzającym po jej powierzchni ludziom, Ziemia jako ciało niebieskie jest nadzwyczaj gładka. Gdyby mieć taki ogromniasty, gigantyczny paluch i przeciągnąć nim po powierzchni Ziemi (po oceanach i wszystkim innym), miałoby się wrażenie, że jest gładka niczym kula bilardowa. Te drogie globusy ukazujące wyniesione części ziemskich lądów, by zilustrować położenie łańcuchów górskich, są dalece przesadzone w stosunku do rzeczywistości. Dlatego też – pomimo gór i dolin oraz nieznacznego spłaszczenia Ziemi przy biegunach – kiedy na naszą planetę patrzy się z kosmosu, nie da się jej odróżnić od idealnej kuli.

Góry na Ziemi są mizerne również w porównaniu z niektórymi innymi górami w Układzie Słonecznym. Największy szczyt na Marsie, Olympus Mons, jest położony na wysokości dwudziestu tysięcy metrów, a jego podstawa ma niemal pięćset kilometrów szerokości. Przy nim Mount McKinley* na Alasce wygląda jak kretowisko. Kosmiczny przepis na górotwór jest prosty: im słabsza siła ciążenia na powierzchni danego obiektu, tym wyżej mogą sięgnąć góry. Mount Everest ma mniej więcej taką wysokość, do jakiej może na Ziemi wyrosnąć góra, zanim pod jej ciężarem dolne warstwy skalne poddadzą się swojej plastyczności.

* Od 2015 roku jego oficjalna nazwa brzmi Denali (przyp. tłum.).

Jeśli na powierzchni jakiegoś obiektu jego pole grawitacyjne jest dostatecznie małe, wiązania chemiczne w skałach oprą się swojemu ciężarowi. W takim wypadku obiekt ów może przyjąć niemal dowolny kształt. Dwa słynne niekuliste ciała niebieskie to Fobos i Deimos, księżyce Marsa wyglądające jak swojskie pyry. Na dwudziestokilometrowym Fobosie, większym z nich dwóch, osoba o ziemskiej wadze siedemdziesięciu kilogramów ważyłaby raptem sto gramów.

W przestrzeni kosmicznej napięcie powierzchniowe zawsze wymusza na niewielkiej kropli cieczy kształt kuli. Kiedy widzi się małe, podejrzanie kuliste przedmioty, można założyć, że uformowały się w stanie ciekłym. Gdy kropla ma bardzo dużą masę, może składać się z czegokolwiek, a siła grawitacji i tak zadba o to, żeby miała kształt kuli.

W galaktykach wielkie i ciężkie, bezkształtne obłoki gazu mogą zbić się w niemal idealne kule zwane gwiazdami. Jeśli jednak gwiazda znajdzie się zbyt blisko innego obiektu o znacznej masie, jej sferyczność może zostać zniekształcona ze względu na odrywaną od niej materię. Przez „zbyt blisko" mam na myśli odległość od powierzchni Roche'a tego obiektu – nazwanej imieniem matematyka z połowy XIX wieku,

Édouarda Roche'a, który prowadził szczegółowe badania nad polem grawitacyjnym wokół gwiazd w układzie podwójnym. Powierzchnia Roche'a jest teoretyczną podwójną baloniastą obwiednią w kształcie hantla, która otacza dowolne dwa okrążające się ciała. Jeśli materia gazowa z jednego z nich oddali się poza jego własną obwiednię, to zacznie spadać w stronę drugiego z nich. Często zdarza się to w układach podwójnych gwiazd, z których jedna rozrasta się w czerwonego olbrzyma przekraczającego rozmiarami własną powierzchnię Roche'a. Odkształca się on wtedy w charakterystyczny kształt cebulki tulipana. Co więcej, raz na jakiś czas zdarza się, że jedną z tych dwu gwiazd jest czarna dziura, która zdradza swoje położenie widocznym obdzieraniem ze skóry orbitalnej towarzyszki. Opadający po spirali gaz, po przejściu przez powierzchnię Roche'a czerwonego olbrzyma, grzeje się do ogromnych temperatur i zaczyna się jarzyć, zanim zniknie z pola widzenia w czarnej dziurze.

✷

Gwiazdy Drogi Mlecznej zakreślają wielkie, płaskie koło. Przy stosunku średnicy do grubości tysiąc do jednego nasza Galaktyka jest bardziej płaska niż najcieńszy racuch, jaki kiedykolwiek usmażono.

Właściwie to jej proporcje lepiej ilustruje naleśnik lub tortilla. Nie, dysk Drogi Mlecznej nie jest kulą, chociaż prawdopodobnie od tej postaci zaczynał. Tę płaskość możemy zrozumieć, zakładając, że niegdyś Galaktyka była dużą, wolno obracającą się i zapadającą kulą gazu. W czasie tego zapadania się kula kręciła się coraz szybciej, całkiem jak łyżwiarze figurowi, którzy robiąc piruety, ściągają ramiona do środka, żeby zwiększyć szybkość obrotu. Galaktyka naturalnie spłaszczyła się na biegunach, podczas gdy w płaszczyźnie obrotu rosnąca siła odśrodkowa zapobiegła zapadaniu się. Tak, łyżwiarstwo figurowe z powodu szybkich piruetów byłoby dla Plastusia pracą wysokiego ryzyka.

Wszystkie gwiazdy, które uformowały się w obłoku Drogi Mlecznej przed jego zapadnięciem się, utrzymały duże, obszerne orbity. Pozostały gaz, który łatwo się ze sobą zlepiał – jak dwie gorące zderzające się ze sobą w powietrzu pianki cukrowe – został uwiązany do płaszczyzny obrotu i odpowiada za wszystkie późniejsze pokolenia gwiazd, w tym za Słońce. Obecna Droga Mleczna, która ani się nie zapada, ani nie rozszerza, jest dojrzałym grawitacyjnie układem, w którym gwiazdy na orbitach nad i pod dyskiem można uważać za zasuszony szkielet pierwotnego sferycznego obłoku gazu.

Spłaszczenie obracających się przedmiotów jest również powodem, dla którego średnica Ziemi łącząca bieguny jest mniejsza niż średnica w płaszczyźnie równika. Różnica nie jest duża: wynosi trzy dziesiąte procent, czyli około czterdzieści trzy kilometry. Tyle że Ziemia jest mała, w większości jest ciałem stałym i wcale tak prędko się nie obraca. Przy dwudziestoczterogodzinnej dobie coś znajdującego się na równiku jest niesione z prędkością prawie 1700 kilometrów na godzinę. Weźmy teraz ogromniastą szybko wirującą gazową planetę jak Saturn. Doba trwa na niej zaledwie dziesięć i pół godziny, jej równik kręci się z prędkością 35 500 kilometrów na godzinę i na biegunach Saturn jest spłaszczony o całe 10%, co da się zauważyć nawet przez mały amatorski teleskop. Takie spłaszczone lub wydłużone na biegunach sfery nazywa się ogólniej elipsoidami obrotowymi. W życiu codziennym wyśmienitymi (choć dość skrajnymi) przykładami tych kształtów są hamburgery i hot dogi. Nie wiem, czy też tak macie, ale z każdym gryzem hamburgera przychodzi mi na myśl Saturn.

*

Skutkami działania siły odśrodkowej na materię posiłkujemy się, próbując zrozumieć tempo obrotu najdalszych obiektów kosmicznych. Zastanówmy się nad pulsarami. Ponieważ niektóre z nich wykonują ponad tysiąc obrotów na sekundę, wiemy, że nie mogą być zbudowane ze zwyczajnych materiałów, bo tak szybka rotacja by je po prostu rozerwała. Zasadniczo gdyby pulsar obracał się szybciej – na przykład cztery i pół tysiąca razy na sekundę – punkt na jego równiku poruszałby się szybciej niż światło; pulsar musi się zatem składać z nie byle jakiego materiału. Żeby zobrazować wygląd pulsara, wyobraźmy sobie masę Słońca upakowaną w kuli wielkości Manhattanu. Jeśli to za trudne, może prościej będzie wyobrazić sobie sto milionów słoni wsadzonych w sztyft od szminki. Aby osiągnąć taką gęstość, trzeba by ścisnąć całą pustą przestrzeń, którą cieszą się elektrony orbitujące wokół jąder atomowych. Wgniotłoby to niemal wszystkie (naładowane ujemnie) elektrony w (naładowane dodatnio) protony, dając w rezultacie obojętną kulę z szaleńczą wprost wartością siły grawitacji przy powierzchni. W takich warunkach łańcuch górski gwiazdy neutronowej nie musiałby być wyższy niż grubość kartki papieru, żeby wejście na niego wymagało więcej energii, niż alpinista zużyłby podczas wspinaczki na wysoki na pięć tysięcy kilometrów klif. Krótko mówiąc: tam, gdzie siła ciążenia jest duża, wysoko położona materia spada i zapełnia nisko położone miejsca – brzmi to niemal biblijnie, zupełnie jak ustęp o przygotowywaniu ścieżek Panu: „Niech się podniosą wszystkie doliny, a wszystkie góry i wzgórza obniżą; równiną niechaj się staną urwiska, a strome zbocza niziną gładką" (Księga Izajasza 40, 4, *Biblia Tysiąclecia*). Jak widać jest to przepis na kulę. Z tych właśnie powodów spodziewamy się, że pulsary są najdoskonalszymi kulami we wszechświecie.

*

Kształt pokaźnych gromad galaktyk daje głęboki wgląd w ich astrofizykę. Niektóre są postrzępione, inne rozciągnięte w cienkie włókna, a jeszcze inne tworzą rozległe płachty. Żadna z nich jeszcze grawitacyjnie nie okrzepła w stabilnym, kulistym kształcie. Niektóre gromady rozpinają się tak daleko, że nie wystarcza nawet czternaście miliardów lat wieku wszechświata, żeby galaktyki składowe gromad choć raz zdążyły przez nie przelecieć. Wyciągamy stąd wniosek, że kształt gromady nie zmienił się od jej narodzin, ponieważ grawitacyjne oddziaływanie jej galaktyk nie miało dość czasu, żeby wywrzeć nań wpływ.

Jednakże inne układy, takie jak piękna Gromada w Warkoczu Bereniki, którą spotkaliśmy w rozdziale o ciemnej materii, od razu pokazuje nam, jak to grawitacja ukształtowała ją w kulę. Z tego powodu łatwo zaobserwujemy w niej galaktykę poruszającą się w dowolnym kierunku. Gdy tak się dzieje, gromada nie może obracać się zbyt szybko, bo inaczej widzielibyśmy jakieś spłaszczenie, jak w przypadku naszej Drogi Mlecznej.

Gromada w Warkoczu Bereniki, podobnie jak Droga Mleczna, jest już grawitacyjnie dojrzała. W astrofizycznym żargonie mówi się, że w takich układach nastąpiła „relaksacja", co może oznaczać wiele rzeczy, między innymi to, że średnia prędkość galaktyk w gromadzie jest wyśmienitym wskaźnikiem całkowitej masy gromady, bez względu na to, czy do tej średniej wliczyło się wszystkie obiekty dające przyczynek do całkowitej masy. Właśnie dlatego układy w równowadze grawitacyjnej są znakomitymi próbnikami nieświecącej, „ciemnej" materii. Pozwolę sobie na mocniejsze stwierdzenie: gdyby nie te układy zrelaksowane, wszechobecność ciemnej materii we wszechświecie mogłaby pozostać nieodkryta aż do dziś.

*

Kula nad kulami, największa i najdoskonalsza ze wszystkich, to cały dostrzegalny wszechświat.

W którymkolwiek byśmy spojrzeli kierunku, galaktyki oddalają się od nas z prędkością proporcjonalną do ich odległości. Jak dowiedzieliśmy się z początkowych rozdziałów, jest to słynna sygnatura rozszerzającego się wszechświata odkryta przez Edwina Hubble'a w 1929 roku. Kiedy połączy się teorie względności Einsteina, prędkość światła, rozszerzanie się wszechświata i wynikające z niego rozrzedzenie masy i energii, wyjdzie na to, że przy pewnej odległości od nas (w dowolnym kierunku) prędkość oddalania się galaktyk równa jest prędkości światła. Światło dowolnego świecącego obiektu wysłane z tej lub większej odległości nigdy do nas nie dotrze. Wszechświat spoza tej sferycznej granicy staje się niewidzialny i – z tego, co wiemy – niepoznawalny.

Istnieje odmiana cieszącej się niesłabnącą popularnością teorii wieloświata, w którym liczne składające się na niego wszechświaty nie są zupełnie oddzielone, lecz stanowią odseparowane, nieoddziałujące pęcherzyki kosmosu w jednej nieprzerwanej czasoprzestrzeni – jak statki na morzu wystarczająco od siebie odległe, żeby okręgi ich horyzontów nie przecinały się. Z punktu widzenia każdego statku z osobna (zakładając brak dodatkowych danych) jest on jedynym na morzu, mimo że wszystkie współdzielą ten sam akwen.

*

Kule to rzeczywiście znakomite narzędzia teoretyczne, pozwalające zgłębiać przeróżne zagadnienia astrofizyczne. Nie należy jednak być ślepym fanatykiem krągłości. Nasuwa mi się dowcip (po części odpowiadający rzeczywistości) o zwiększaniu produkcji mleka w gospodarstwie. Przychodzi specjalista hodowli zwierząt i mówi: „Rozważmy sposób odżywiania się krowy…". Przychodzi inżynier i mówi: „Rozważmy budowę dojarek…". Aż w końcu pojawia się astrofizyk i zaczyna: „Rozważmy idealnie sferyczną krowę…".

9

Niewidzialne światło

Więc się dziw, człowieku!
Bo – mój Horacjo – więcej jest na niebie
I ziemi dziwów, niżeli się naszym
Śni filozofom.

Hamlet, akt I, scena V*

Do roku 1800 słowo „światło" – no, może oprócz światła rozumu – odnosiło się wyłącznie do światła widzialnego. Jednak na początku owego roku angielski astronom William Herschel zaobserwował nagrzewanie się przedmiotów, które mogło być spowodowane jedynie światłem w jakiejś postaci niewidzialnej dla ludzkiego oka. Jako znakomity uczony, który odkrył już Uran w 1781 roku, Herschel zajmował się teraz badaniem związku

* Tłum. Anna Staniewska.

pomiędzy światłem słonecznym, barwami i ciepłem. Zaczął od umieszczenia pryzmatu na drodze promieni słonecznych. Nie było to nic nowego. Sir Isaac Newton zrobił to samo jeszcze w XVII wieku, co pozwoliło mu nazwać znane nam siedem kolorów widma widzialnego: czerwony, pomarańczowy, żółty, zielony, niebieski, granatowy i fioletowy. (Tak, rzeczywiście można je zapamiętać dzięki zdaniu: czemu patrzysz żabko zielona na głupiego fanfarona*). Herschel był jednak wystarczająco dociekliwy, żeby zadać sobie pytanie, jaką każda z barw może mieć temperaturę. Umieścił więc termometry w różnych miejscach tęczowego widma i wykazał, jak zresztą podejrzewał, że rejestrują one różne temperatury dla różnych kolorów**.

Dobrze przeprowadzone doświadczenia wymagają tak zwanego pomiaru kontrolnego, czyli takiego, w którym nie spodziewamy się zobaczyć żadnego efektu; służy on do porównania, czy nie mierzymy czegoś, czego nie ma. Na przykład: jeśli zastanawiasz

* W języku angielskim podane przez Newtona kolory – *red, orange, yellow, green, blue, indigo, violet* – zapamiętać można dzięki przypominającej imię i nazwisko frazie Roy G. Biv (przyp. tłum.).

** Dopiero od połowy XIX wieku, kiedy to w zagadnieniach astronomicznych zaczęto stosować spektrometry fizyków, astronomowie stali się astrofizykami. W 1895 roku ukazał się pierwszy numer renomowanego czasopisma „Astrophysical Journal", którego podtytuł brzmiał: „Międzynarodowy przegląd spektroskopii i fizyki astronomicznej".

się, jak piwo działa na tulipana, to hoduj też drugiego, bliźniaczego, ale podlewaj go wodą. Jeśli obie rośliny zwiędną – jeśli obie zabiłeś – nie można winić alkoholu. Na tym polega wartość próbki kontrolnej. Herschel o tym wiedział, umieścił więc dodatkowo termometr poza widmem, przy kolorze czerwonym, spodziewając się, że w trakcie eksperymentu pokaże on temperaturę nie większą niż temperatura pomieszczenia. Stało się jednak coś innego. Termometr kontrolny pokazał temperaturę jeszcze wyższą niż umieszczony w kolorze czerwonym.

Herschel napisał:

> Wnioskuję, że pełna czerwień ciągle nie osiągała maksimum ciepła, które być może leży nawet nieco poza widzialnym załamaniem. W takim wypadku ciepło promieniowania przynajmniej częściowo, jeśli nie głównie, składa się, niech mi będzie wolno tak to wyrazić, ze światła niewidzialnego; co znaczy – z promieni pochodzących ze Słońca, które taki mają pęd, że wzrok niezdolny jest ich zobaczyć*.

Ożeż w mordę!

* William Herschel, *Experiments on Solar and on the Terrestrial Rays that Occasion Heat*, „Philosophical Transactions of the Royal Astronomical Society", 1800, s. 17.

Herschel przypadkowo odkrył światło podczerwone, zupełnie nową część widma znajdującą się tuż pod kolorem czerwonym, o czym doniósł w pierwszym z czterech artykułów na ten temat.

Rewelacja Herschela była astronomicznym odpowiednikiem odkrycia „wielu drobnych animakuł poruszających się z gracją"* Antoniego van Leeuwenhoeka w drobince wody z jeziora. Leeuwenhoek odkrył organizmy jednokomórkowe – cały biologiczny wszechświat. Herschel odkrył nowe pasmo światła. Jedno i drugie kryło się tuż przed naszymi oczyma.

Inni badacze natychmiast podjęli poszukiwania tam, gdzie skończył je Herschel. W 1801 roku niemiecki fizyk i aptekarz Johann Wilhelm Ritter odkrył jeszcze jedno pasmo niewidzialnego światła. Jednak zamiast termometrów usypał małe kupki czułego na światło chlorku srebra w miejscu każdej barwy światła widzialnego, jak również w ciemnym obszarze obok fioletowego końca spektrum. I rzeczywiście: kupka w nieoświetlonym miejscu ściemniała bardziej niż ta usypana w plamie fioletu. Co mieści się więc za

* Antonie van Leeuwenhoek, list do Towarzystwa Królewskiego w Londynie, 10 października 1676 roku (za: Robynne Chutkan, *Dobre bakterie*, tłum. D. Rossowski, M. Rozwarzewska).

fioletem? Nadfiolet, dziś bardziej znany jako promieniowanie UV (ang. *ultraviolet*).

Zapełniając całe widmo elektromagnetyczne od najniższych do najwyższych energii i częstotliwości, mamy w kolejności: fale radiowe, mikrofale, podczerwień, czemu patrzysz żabko zielona na głupiego fanfarona, nadfiolet, promieniowanie rentgenowskie oraz promienie gamma. Współczesna cywilizacja zmyślnie eksploatuje każde z tych pasm w niezliczonych zastosowaniach domowych i przemysłowych, co sprawia, że są nam wszystkim dobrze znane.

✷

Po odkryciu podczerwieni i ultrafioletu sposób obserwowania nieba wcale nie zmienił się z nocy na noc. Pierwszy teleskop zaprojektowany do wykrywania niewidzialnych części widma elektromagnetycznego zbudowano dopiero po stu trzydziestu latach – na długo po odkryciu fal radiowych, promieni rentgenowskich, promieni gamma i po tym, jak niemiecki fizyk Heinrich Hertz pokazał, że jedyną różnicą pomiędzy rozmaitymi rodzajami światła jest tak naprawdę częstotliwość jego fal.

W zasadzie to jemu należy przypisać spostrzeżenie, że w ogóle istnieje coś takiego jak widmo elektromagnetyczne. Na jego cześć jednostka częstotliwości – liczba drgań na sekundę – wszystkiego, co wibruje, łącznie z dźwiękiem, została nazwana hercem.

Z niezrozumiałych względów astrofizykom zajęło chwilę powiązanie nowo odkrytych, niewidzialnych zakresów światła z pomysłem zbudowania teleskopu, który mógłby spoglądać na kosmiczne źródła promieni w tychże zakresach. Z pewnością swój udział miało w tym zapóźnienie technik detekcji. Jednak przynajmniej za część winy odpowiada nieposkromiona pycha – jakżeby wszechświat miał wysyłać ku nam światło, którego nie widzą nasze cudowne oczy? Przez ponad trzysta lat, od Galileusza do czasów Edwina Hubble'a, budowa teleskopu oznaczała tylko jedno: stworzenie instrumentu, który wyłapuje światło widzialne, zwiększając możliwości danego nam przez biologię wzroku.

Teleskop to tylko narzędzie potęgujące nasze zmysły i pozwalające lepiej zaznajomić się z odległymi miejscami. Im większy, tym bardziej przyćmione obiekty możemy dostrzec przy jego pomocy; im doskonalszy kształt jego luster, tym ostrzejszy daje obraz; im czulsze ma detektory, tym skuteczniejsze są obserwacje. Jednak w każdym wypadku wszystkie okruchy informacji, które teleskop dostarcza astrofizykom, przybywają na Ziemię w wiązce światła.

Wydarzenia astronomiczne nie ograniczają się jednak do tego, co wygodne dla ludzkiej siatkówki. Zwykle emitowane są w nich mniejsze lub większe ilości światła równocześnie w wielu zakresach częstotliwości. Zatem bez teleskopów i ich detektorów zdolnych rejestrować pełne widmo fal elektromagnetycznych astrofizycy pozostaliby w błogiej nieświadomości i nie mieliby pojęcia o wielu niewyobrażalnych wydarzeniach rozgrywających się we wszechświecie.

Weźmy eksplodującą gwiazdę – supernową. Jest to w kosmosie częste i bardzo wysokoenergetyczne zjawisko, które generuje kolosalne ilości promieniowania rentgenowskiego. Czasami eksplozjom towarzyszą rozbłyski promieni gamma i ultrafioletu, nigdy nie brakuje też światła widzialnego. Długo po ochłodzeniu się wybuchowych gazów, rozproszeniu się fal uderzeniowych i wygaśnięciu światła widzialnego pozostałość po supernowej nadal świeci w podczerwieni i rozsyła impulsy fal radiowych. To stąd biorą się pulsary, najbardziej niezawodne zegarki wszechświata.

Większość gwiezdnych eksplozji ma miejsce w odległych galaktykach, ale jeśli doszłoby do wybuchu gwiazdy z Drogi Mlecznej, jej przedśmiertne drgawki byłyby dostatecznie jasne, żeby każdy mógł je zobaczyć – nawet bez teleskopu. Nikt na Ziemi nie zobaczył jednak niewidzialnego promieniowania gamma i rentgenowskiego z ostatnich dwóch supernowych, widowisk, których areną była nasza Galaktyka – jednego w 1572, a drugiego w 1604 roku – chociaż istnieje wiele zapisków dotyczących ich niezwykłego światła widzialnego.

Zakres długości fal (lub częstotliwości) składających się na dane pasmo silnie warunkuje budowę aparatury używanej do ich wykrywania. Dlatego nie istnieje jedna uniwersalna kombinacja teleskopu i detektora, pozwalająca równocześnie rejestrować wszystkie własności wybuchów. Obejście tego problemu jest proste: należy zebrać możliwie najwięcej obserwacji danego obiektu, być może uzyskanych także przez innych naukowców, z wielu pasm. Następnie należy przypisać widzialne kolory niewidzialnym, interesującym nas zakresom fal, tworząc w ten sposób jeden wielopasmowy metaobraz. Dokładnie coś takiego widział Geordi La Forge z serialu telewizyjnego *Star Trek. Następne pokolenie*. Z tak potężnym wzrokiem nic nas nie ominie.

Dopiero po wskazaniu pasma, w które chce się zainwestować swoje astrofizyczne uczucia, można zacząć myśleć o rozmiarze zwierciadła, materiałach niezbędnych do jego budowy, o jego kształcie i powierzchni i o typie detektora. Na przykład długość fali promieni rentgenowskich jest niezwykle mała. Jeśli chce się je rejestrować, lustro koniecznie musi być supergładkie; w przeciwnym wypadku niedoskonałości powierzchni zniekształcą obraz. Jeśli nastawiamy się na wyłapywanie długich fal radiowych, to lustro można by wykonać z ręcznie splecionej gęstej siatki ogrodzeniowej – nieregularności drutu byłyby o wiele mniejsze niż długość poszukiwanej fali. Oczywiście chcemy widzieć mnóstwo szczegółów – dysponować wysoką rozdzielczością – zatem zwierciadło powinno być tak duże, jak tylko nas na to stać. Ostatecznie więc teleskop musi być o wiele, wiele szerszy niż długość fali światła, którą chcemy zarejestrować. W żadnej innej sytuacji nie jest to tak ewidentne jak przy budowie radioteleskopu.

*

Radioteleskopy, najwcześniej zbudowane teleskopy światła niewidzialnego, są niezwykłym podgatunkiem obserwatoriów. Amerykański inżynier Karl G. Jansky zbudował pierwszy działający radioteleskop między 1929 a 1930 rokiem. Urządzenie przypominało trochę ruchomy stelaż do nawadniania pól, tyle że na polu bez upraw. Wykonany z szeregu wysokich prostokątnych metalowych ram, przymocowanych do skrzyżowanych drewnianych zastrzałów ustawionych na drewnianym podeście, teleskop Jansky'ego obracał się w miejscu jak karuzela na kołach zbudowana z części zamiennych forda T. Jansky dostroił swoje trzydziestometrowe ustrojstwo do fal długości około piętnastu metrów, co odpowiada częstotliwości 20,5 megaherca*. Celem Jansky'ego – zleconym przez jego pracodawcę, Bell Telephone Laboratories – było zbadanie wszelkich szumów pochodzących z ziemskich źródeł fal radiowych, które mogłyby zakłócać telekomunikację naziemną. W dużej mierze było to zadanie podobne do tego, które trzydzieści pięć lat później Bell Labs wyznaczył Penziasowi i Wilsonowi; mieli oni znaleźć źródło mikrofalowych szumów w odbiorniku, co – jak dowiedzieliśmy się z rozdziału trzeciego – doprowadziło do odkrycia promieniowania reliktowego.

Poświęcając kilka lat na pedantyczne śledzenie czasu i miejsca emisji statycznego szumu rejestrowanego

* Każda fala spełnia proste równanie: *prędkość = częstotliwość × długość fali*. Jeśli przy stałej prędkości zwiększy się długość fali, to jej częstotliwość zmaleje, i na odwrót. Mnożąc te dwie wielkości, otrzymuje się za każdym razem tę samą prędkość fali. Zależność tę spełniają światło, dźwięk, a nawet kibice biorący udział w meksykańskiej fali – jest ona prawdziwa dla wszystkich poruszających się fal.

przez jego prowizoryczną antenę, Jansky odkrył, że fale radiowe pochodzą nie tylko z miejscowych burz i innych znanych ziemskich źródeł, ale także ze środka Drogi Mlecznej. Był to obszar nieba omiatany polem widzenia teleskopu co 23 godziny i 56 minut. Czas ten pozostawał w idealnej zgodzie z okresem obrotu kuli ziemskiej; po jego upływie centrum Galaktyki za każdym razem znajdowało się na niebie pod tym samym kątem i na tej samej wysokości w stosunku do radioteleskopu. Karl Jansky opublikował swoje wyniki w artykule pod tytułem *Elektryczne zakłócenia najwyraźniej pochodzenia pozaziemskiego**.

Obserwacja ta uważana jest za narodziny radioastronomii, choć w tej dziedzinie nauki zabrakło samego Jansky'ego. Firma Bell Labs przydzieliła mu inne zadania, uniemożliwiając w ten sposób dalszą pracę nad plonami własnego doniosłego odkrycia. Kilka lat później przedsiębiorczy Amerykanin Grote Reber z Wheaton w stanie Illinois zbudował w swoim ogródku radioteleskop z talerzem dziewięciometrowej szerokości. W 1938 roku Reber, nie pracując na niczyje zlecenie, potwierdził odkrycie Jansky'ego i spędził

* Karl Jansky, *Electrical Disturbances Apparently of Extraterrestrial Origin*, „Proceedings of the Institute for Radio Engineers", 21, no. 10 (1933), s. 1387.

kolejne pięć lat na tworzeniu niskorozdzielczych map radiowych nieba.

Teleskop Rebera, choć wówczas jedyny w swoim rodzaju, był jak na dzisiejsze standardy mały i prymitywny. Nowoczesne radioteleskopy to zupełnie inna sprawa. Nieograniczone ogródkami, mogą być absolutnie przeogromne. MK1, który zaczął działać w 1957 roku, był pierwszym istnie kolosalnym radioteleskopem – jego pojedynczy sterowalny 76-metrowy talerz z litej stali stanął w Obserwatorium Jodrell Bank pod Manchesterem w Anglii. Kilka miesięcy po włączeniu się MK1 do gry Związek Radziecki wystrzelił Sputnika 1, a talerz z Jodrell Bank nagle stał się tylko aparatem śledzącym małą kupkę sprzętu na orbicie – co uczyniło go poprzednikiem dzisiejszej sieci Deep Space Network, śledzącej sondy kosmiczne.

Największy na świecie radioteleskop, ukończony w 2016 roku, to Sferyczny Teleskop o Pięciusetmetrowej Aperturze, w skrócie FAST*. Zbudowany został w prowincji Kuejczou w Chinach, a jego pole powierzchni jest równe prawie trzydziestu boiskom

* Czyli „szybki", akronim ang. Five-hundred meter Aperture Spherical radio Telescope. Polski skrót zapewne powinien brzmieć: wielka SToPA (przyp. tłum.).

piłkarskim. Gdyby kiedyś zadzwonili do nas kosmici, pierwsi słuchawkę podnieśliby Chińczycy.

✷

Innego typu radioteleskopem jest interferometr składający się z szeregów jednakowych anten talerzowych elektronicznie zsynchronizowanych i rozmieszczonych na dużej połaci niezamieszkanych terenów. Rezultatem jego działania jest wysokorozdzielczy spójny obraz obiektów kosmicznych emitujących fale radiowe. Chociaż „kingsajz" był niepisanym mottem teleskopów na długo, zanim firmy fastfoodowe wymyśliły slogany o zestawach powiększonych, radiointerferometry stanowią odrębną klasę olbrzymów. Jeden z nich – bardzo duży kompleks anten radiowych pod Socorro w stanie Nowy Meksyk – ma dwadzieścia siedem dwudziestopięciometrowych talerzy ustawionych na szynach przecinających 35 kilometrów pustynnej niziny i oficjalnie nazywany jest Bardzo Dużym Kompleksem (ang. Very Large Array). Obserwatorium to ma tak kosmiczną atmosferę, że pojawiło się w tle filmów *2010. Odyseja kosmiczna* (1984), *Kontakt* (1997) i *Transformers* (2007). Istnieje również Sieć Interferometrii Międzykontynentalnej (ang. Very Long Baseline

Array) składająca się z dziesięciu dwudziestopięciometrowych anten i rozciągająca się na odległość 8000 kilometrów, od Hawajów po Wyspy Dziewicze, dzięki czemu osiąga największą rozdzielczość spośród wszystkich radioteleskopów na świecie.

W stosunkowo nowym w interferometrii zakresie mikrofalowym działa 66-antenowy zespół ALMA (Atacama Large Millimeter Array), usytuowany głęboko w Andach w północnym Chile. Nastrojona na długości fal od ułamków milimetra do kilku milimetrów ALMA pozwala astrofizykom rejestrować w wysokiej rozdzielczości kosmiczne zdarzenia niewidoczne w innych pasmach, takie jak struktury zapadających się obłoków gazowych, które przekształcają się w wylęgarnie gwiazd. ALMA nieprzypadkowo znajduje się w jednym z najbardziej jałowych środowisk na Ziemi – pięć kilometrów nad poziomem morza i wysoko ponad najwilgotniejszymi chmurami. Woda umożliwia co prawda podgrzewanie w mikrofalówce, ale przeszkadza astrofizykom – para wodna w ziemskiej atmosferze tłumi dziewiczy sygnał mikrofalowy z całej Galaktyki i spoza niej. Te dwa zjawiska są oczywiście powiązane – woda jest podstawowym składnikiem jedzenia, a kuchenki mikrofalowe podgrzewają przede wszystkim właśnie ją. Trudno o lepszy dowód na to, że woda pochłania mikrofale. Jeśli zatem obserwacje obiektów kosmicznych mają być czyste, trzeba zminimalizować ilość pary wodnej pomiędzy teleskopem a wszechświatem tak, jak zrobiła to ALMA.

✷

Na skraju widma elektromagnetycznego od strony ultrakrótkich długości fal znajdują się wysokoczęstotliwościowe i wysokoenergetyczne promienie gamma o długościach mierzonych w pikometrach*. Odkryte w 1900 roku nie zostały wypatrzone z kosmosu dopóty, dopóki w 1961 roku nie umieszczono na pokładzie Explorera XI (satelity NASA) nowego rodzaju teleskopu.

Każdy, kto naoglądał się filmów science fiction, wie, że promieniowanie gamma jest szkodliwe. Można pod jego wpływem stać się zielonym mięśniakiem, a z nadgarstków mogą zacząć nam wytryskiwać pajęcze nici. Jednak promieniowanie to trudno jest również okiełznać – przechodzi przez zwykłe soczewki i zwierciadła. Jak zatem można je obserwować? Wnętrzności teleskopu Explorer XI zawierały urządzenie zwane scyntylatorem, które na promienie gamma reaguje emisją naładowanych cząstek. Pomiar

* „Piko" to przedrostek oznaczający jedną bilionową.

ich energii pozwala stwierdzić, jaki rodzaj wysokoenergetycznego światła doprowadził do ich uwolnienia.

Dwa lata po uruchomieniu Explorera XI Związek Radziecki, Wielka Brytania oraz Stany Zjednoczone podpisały układ o zakazie prób broni nuklearnej pod wodą, w atmosferze i w przestrzeni kosmicznej, gdzie odpady promieniotwórcze mogłyby rozprzestrzenić się i skazić miejsca poza granicami danego kraju. Było to jednak podczas zimnej wojny, kiedy nikt nikomu nie ufał. Zgodnie z wojskową dyrektywą „ufaj, ale sprawdzaj" USA wyniosły zespół nowych satelitów o nazwie Velas, żeby wypatrywać błysków promieni gamma, które powstałyby w wyniku radzieckich testów jądrowych. Satelity rzeczywiście wykrywały takie błyski, niemal codziennie, ale nie były one sprawką Rosji. Pochodziły z głębi kosmosu i jak później wykazano, były biletami wizytowymi sporadycznych, odległych, gigantycznych eksplozji gwiezdnych z całego wszechświata. Zwiastowały one narodziny astrofizyki promieni gamma, nowej gałęzi badań w mojej dziedzinie.

W 1994 roku NASA wykryło teleskopem kosmicznym Comptona (ang. Compton Gamma Ray Observatory) coś równie niespodziewanego jak odkrycia satelitów Velas: częste błyski gamma tuż przy powierzchni

Ziemi. Nazwano je, całkiem sensownie, ziemskimi rozbłyskami promieni gamma. Czyżby chodziło o oznaki nuklearnej zagłady? Nie, co jasno wynika z faktu, że czytasz teraz to zdanie. Nie wszystkie wybuchy promieni gamma są równie śmiercionośne, nie wszystkie też pochodzą z kosmosu. W tym wypadku przynajmniej pięćdziesiąt takich rozbłysków dziennie emitują wierzchołki chmur burzowych zaledwie ułamek sekundy przed uderzeniem zwykłych piorunów. Ich pochodzenie wciąż jest nieco zagadkowe, ale z najlepszego wyjaśnienia wynika, że w tych wyładowaniach elektrycznych swobodne elektrony przyspieszają niemal do prędkości światła, a następnie uderzają w jądra atomów atmosfery, wytwarzając promienie gamma.

*

Dziś teleskopy operują w każdej niewidzialnej części widma, niektóre z Ziemi, ale większość z kosmosu, gdzie ich pole widzenia nie jest przesłonięte pochłaniającą promieniowanie ziemską atmosferą. Możemy teraz dokonywać obserwacji, poczynając od niskich częstotliwości fal radiowych o odległości pomiędzy ich kolejnymi grzbietami rzędu kilkudziesięciu metrów, a kończąc na promieniowaniu gamma o wysokich częstotliwościach i nie większych niż biliardowa część metra długościach fal. Ta bogata paleta „świateł" zapewnia niekończący się szereg astrofizycznych odkryć. Ile gazu czai się w galaktykach pomiędzy gwiazdami? Najlepiej odpowiedzą radioteleskopy. Nie byłoby ani wiedzy o promieniowaniu reliktowym, ani prawdziwego zrozumienia Wielkiego Wybuchu bez teleskopów mikrofalowych. A gdyby tak zerknąć na wylęgarnie gwiazd głęboko w galaktycznych obłokach gazowych? Trzeba skorzystać z teleskopów podczerwieni. A co z emisją z okolic zwykłych czarnych dziur i supermasywnych czarnych dziur w centrum galaktyki? Do tego najlepiej nadają się teleskopy ultrafioletu i promieni rentgenowskich. To może obejrzymy wysokoenergetyczny wybuch gwiazdy olbrzyma, której masa równa się masie czterdziestu Słońc? Na seans zaprasza teleskop promieni gamma.

Przebyliśmy długą drogę od czasów doświadczeń Herschela z promieniami światła, których „wzrok niezdolny jest zobaczyć". Dały nam one narzędzie, by poznawać wszechświat takim, jakim jest, a nie takim, jakim się tylko zdaje. Herschel byłby dumny. Nasz ogląd kosmosu stał się pełny dopiero po zobaczeniu niewidzialnego: olśniewająco bogatego zbioru obiektów i zjawisk w przestrzeni i w czasie, o których mogą od teraz śnić nasi filozofowie.

10

Między planetami

Z daleka nasz Układ Słoneczny wygląda na pusty. Gdyby otoczyć go sferą – wystarczająco dużą, by pomieściła orbitę Neptuna, najbardziej oddalonej planety* – to objętość zajmowana przez Słońce, wszystkie planety i ich księżyce byłaby tylko trochę większa od jednej bilionowej całej kuli. Przestrzeń pomiędzy planetami nie jest jednak pusta – zawiera różne rodzaje olbrzymich skał, kamyków, kulek lodu, pyłu, strumieni naładowanych cząstek i rozrzuconych daleko sond. Przenikają przez nią również monstrualne pola grawitacyjne i magnetyczne.

Przestrzeń międzyplanetarna jest tak niepusta, że Ziemia podczas orbitalnej wędrówki z prędkością trzydziestu kilometrów na sekundę brnie przez setki

* Nie, nie jest nią Pluton. Skończcie już z tym.

ton meteorów dziennie – przeważnie nie większych od ziarnka piasku. Niemal wszystkie takie resztki spalają się w górnej atmosferze, uderzając w powietrze z taką mocą, że w momencie zetknięcia z nim wyparowują. Pod tym ochronnym parasolem wyewoluował nasz słabowity gatunek. Większe meteory – te rozmiarów piłki golfowej – grzeją się szybko, lecz nierównomiernie i częstokroć, nim wyparują, rozpadają się na wiele mniejszych kawałków. Jeszcze większe meteory przypalają się z wierzchu, ale poza tym w całości spadają aż na powierzchnię Ziemi. Można by pomyśleć, że do dziś, po 4,6 miliarda przelotów dookoła Słońca, Ziemia powinna była zmieść ze swojej orbitalnej ścieżki wszystkie odpadki. Kiedyś jednak sprawy miały się o wiele gorzej. Przez pół miliarda lat od uformowania się Słońca i jego planet Ziemię zasypywało tyle resztek, że od ciepła pochodzącego z energii nieustannych zderzeń atmosfera była gorąca, a skorupa stopiona.

Jeden okazały kosmiczny odpadek doprowadził do powstania Księżyca. Niespodziewany niedostatek żelaza i innych cięższych pierwiastków w próbkach z jego powierzchni, które przywieźli kosmonauci z misji Apollo, wskazuje na to, że Księżyc najprawdopodobniej jest odłamkiem z ubogich w żelazo ziemskiej skorupy i płaszcza i że powstał po niemal chybionej kolizji ze zbłąkaną protoplanetą rozmiarów Marsa. Szczątki z tej stłuczki połączyły się w naszego czarującego, niezbyt gęstego satelitę. Poza tym godnym uwagi wydarzeniem okres nasilonego bombardowania, które Ziemia wycierpiała w niemowlęctwie, nie był niczym wyjątkowym dla planet i innych dużych ciał Układu Słonecznego. Każde z nich odniosło podobne obrażenia, których zapis w postaci kraterów z tego czasu zachował się na pozbawionych atmosfery i niepodlegających erozji powierzchniach Księżyca i Merkurego.

Układ Słoneczny nie tylko nosi blizny zadane przez resztki z procesu jego formowania się; w jego przestrzeni międzyplanetarnej znajdują się też rozmaitych rozmiarów kamienie wyrzucone z Marsa, Księżyca i Ziemi w wyniku odrzutu spowodowanego zderzeniami z obiektami o dużych prędkościach. Symulacje komputerowe uderzeń meteorów wykazują ponad wszelką wątpliwość, że z powierzchni w pobliżu miejsc, w których do nich doszło, kamienie mogą zostać wyrzucone w górę z dostateczną prędkością, by zerwać się z grawitacyjnego łańcucha macierzystego obiektu. Z tempa, w jakim odkrywamy na Ziemi meteoryty pochodzące z Marsa, wnosimy, że rocznie spada na naszą planetę około tysiąca ton marsjańskich kamieni. Być może tyle samo dociera na Ziemię z Księżyca. Z perspektywy czasu okazuje się, że nie musieliśmy lecieć na Księżyc po próbki jego skał. Bo chociaż nie możemy wybrać ich wedle uznania, całe ich mnóstwo przylatuje do nas. Tyle że w czasach programu Apollo jeszcze o tym nie wiedzieliśmy.

*

Większość asteroid Układu Słonecznego zamieszkuje tak zwany pas główny, mniej więcej płaską strefę pomiędzy orbitami Marsa i Jowisza. Zgodnie z tradycją odkrywcy asteroid mogą nazywać je, jak tylko chcą. Ilustratorzy przedstawiają pas główny jako obszar zagracony skałami pałętającymi się w płaszczyźnie Układu Słonecznego, ale ich łączna masa wynosi mniej niż pięć procent masy Księżyca, która z kolei sama ledwie przekracza jeden procent masy Ziemi. Wydaje się, że to niewiele, ale skumulowane zaburzenia orbit co chwila prowadzą do powstania śmiercionośnej podgrupy asteroid, złożonej nawet z kilku tysięcy, których mimośrodowe ścieżki przecinają ziemską orbitę. Proste wyliczenia pokazują, że większość z nich uderzy w Ziemię w ciągu stu milionów lat. Energia zderzenia tych, które są szerokie na więcej niż kilometr, wystarczy, żeby zdestabilizować ziemski ekosystem i zagrozić wyginięciem większości gatunków lądowych.

To zły scenariusz.

Asteroidy nie są jedynymi ciałami niebieskimi stwarzającymi zagrożenie dla życia na Ziemi. Pas Kuipera jest zagraconą kometami okrężną parcelą, która zaczyna się za orbitą Neptuna, zawiera w sobie Plutona i rozciąga się od Neptuna może nawet na taką odległość, jaka dzieli Neptuna od Słońca. Urodzony w Holandii amerykański astronom Gerard Kuiper wysunął teorię, że w zimnych głębiach kosmosu, poza orbitą Neptuna, zamieszkują zamarznięte pozostałości z formacji Układu Słonecznego. Bez sąsiedztwa ciężkiej planety, na którą mogłyby opaść, większość tych komet będzie okrążać Słońce przez kolejne miliardy lat. Podobnie jak ma to miejsce w pasie planetoid, niektóre obiekty Pasa Kuipera poruszają się po mimośrodowych ścieżkach, które przecinają orbity innych planet. Pluton i zgraja jego rodzeństwa zwanego plutonkami przechodzą przez orbitę, po której Neptun okrąża Słońce. Inne obiekty z Pasa Kuipera z zapamiętaniem nurkują do środka Układu Słonecznego, przecinając orbity planet wewnętrznych. Do tej grupy zalicza się najsławniejsza z nich wszystkich kometa Halleya.

Daleko za Pasem Kuipera, w połowie odległości do najbliższych gwiazd, znajduje się sferyczny rezerwuar komet zwany Obłokiem Oorta, od nazwiska Jana Oorta, holenderskiego astrofizyka, który jako pierwszy przewidział jego istnienie. Obszar ten jest odpowiedzialny za pojawianie się komet długookresowych, czyli takich, których okresy obiegu orbity są znacznie dłuższe niż ludzkie życie. W przeciwieństwie do komet z Pasa Kuipera te z Obłoku Oorta potrafią wpaść do wewnętrznej części Układu Słonecznego pod każdym kątem i z każdej strony. Dwie najjaśniejsze komety z lat dziewięćdziesiątych XX wieku, Hale'a-Boppa oraz Hyakutakego, pochodziły właśnie stamtąd i w najbliższym czasie do nas nie wrócą.

✷

Gdybyśmy mieli oczy, które widzą pola magnetyczne, Jowisz wyglądałby na niebie na dziesięciokrotnie większego niż Księżyc w pełni. Statki kosmiczne, które składają mu wizytę, muszą być zaprojektowane tak, żeby pochodząca od jego pola ogromna siła pozostawała na nie bez wpływu. Jak pokazał w XIX wieku angielski fizyk Michael Faraday, kiedy odcinek przewodu przemieszcza się w poprzek pola magnetycznego, między jego końcami pojawia się napięcie elektryczne. Z tego powodu wewnątrz szybko poruszających się metalowych próbników kosmicznych indukowane są prądy elektryczne. Jednocześnie prądy te wytwarzają własne pola magnetyczne oddziałujące z polem, które je wyindukowało, hamując zarazem ruch sondy.

Kiedy jeszcze śledziłem liczbę księżyców należących do planet w Układzie Słonecznym, zatrzymałem się na wartości pięćdziesiąt sześć. Aż tu pewnego ranka obudziłem się i dowiedziałem, że kolejny ich tuzin odkryto wokół Saturna. Od czasu tego wydarzenia nie staram się już zapamiętywać liczby księżyców. Dbam tylko o to, czy któryś z nich okaże się nęcącym miejscem do odwiedzin lub zbadania. Pod pewnymi względami księżyce w Układzie Słonecznym są o wiele bardziej fascynujące niż planety, wokół których krążą.

*

Księżyc Ziemi ma średnicę około jednej czterechsetnej średnicy Słońca, ale równocześnie jest mu do nas czterysta razy bliżej, przez co na niebie Słońce i Księżyc wydają się mieć ten sam rozmiar. Dzięki temu czystemu przypadkowi, który nie zdarzył się żadnej innej parze planeta–księżyc w Układzie Słonecznym, możemy podziwiać wyjątkowo fotogeniczne całkowite zaćmienia Słońca. Ziemia związała Księżyc siłami pływowymi, powodując, że synchronicznie obraca się wokół niej i wokół własnej osi. Wszędzie, gdzie się tak dzieje, księżyc pozostaje zwrócony do planety, która go wiąże, tylko jedną stroną.

Układ księżyców Jowisza też pełny jest dziwactw. Io, księżyc znajdujący się najbliżej niego, również obraca się synchronicznie, a oddziaływanie planety i pozostałych księżyców powoduje naprężenia wewnętrzne, którymi w ten niewielki glob pompowane jest dość ciepła, by stopić skały w jego środku. Io jest przez to najbardziej aktywnym wulkanicznie ciałem w Układzie Słonecznym. Europa, kolejny księżyc Jowisza, zawiera z kolei wystarczającą ilość H_2O, żeby mechanizm grzewczy – ten sam, co na Io – stopił lód pod jego wierzchnią warstwą, tworząc podpowierzchniowy ciepły ocean. Jeśli jest jakieś miejsce, gdzie moglibyśmy szukać życia, to właśnie tam. (Pewien współpracujący ze mną artysta zapytał mnie kiedyś, czy obce formy życia z Europy zostałyby nazwane Europejczykami. Z braku innej rozsądnej odpowiedzi musiałem przyznać, że tak).

Największy księżyc Plutona, Charon, jest tak duży i tak mu bliski, że oba ciała wzajemnie związały się siłami pływowymi: ich obroty wokół własnych osi i wokół siebie nawzajem są synchroniczne. Nazywa się to podwójnym obrotem synchronicznym, co nieodparcie kojarzy się z nazwą figury w tańcu towarzyskim.

Zwyczajowo księżyce nazywa się imionami mitologicznych postaci zaczerpniętymi z podań o greckim odpowiedniku rzymskiego bóstwa, po którym nazwę otrzymała planeta. Bogowie klasyczni wiedli zagmatwane życie towarzyskie, nie brak więc kandydatów do użyczania imion. Jedynym wyjątkiem od tej reguły są księżyce Urana, nazywane imionami przeróżnych bohaterów z literatury brytyjskiej. Angielski astronom sir William Herschel był pierwszym odkrywcą planety spoza tych, które łatwo zobaczyć gołym okiem, i gotów był ją nazwać imieniem króla, któremu wiernie służył. Gdyby mu się to udało, lista planet brzmiałaby tak: Merkury, Wenus, Ziemia, Mars, Jowisz, Saturn oraz Jerzy. Całe szczęście zatryumfowali ci trzeźwiej myślący i lata później przyjęło się klasyczne imię Uran. Jednakże pierwotny pomysł Herschela, by księżyce nazywać imionami postaci ze sztuk Szekspira i poematów Alexandra Pope'a, pozostał w zwyczaju do dziś. Pośród dwudziestu siedmiu księżyców Urana znajdziemy Ariela, Kordelię, Desdemonę, Julię, Ofelię, Portię, Puka, Umbriela i Mirandę.

Słońce traci ze swojej powierzchni materię w tempie ponad miliona ton na sekundę. Zjawisko to nazywamy wiatrem słonecznym. Przybiera on postać naładowanych, wysokoenergetycznych cząstek, których prędkość dochodzi nawet do półtora tysiąca kilometrów na sekundę. Wyrzucane są one w przestrzeń kosmiczną, gdzie tor ich lotu odchylają pola magnetyczne planet. Cząstki te schodzą spiralnie w kierunku północnego lub południowego bieguna magnetycznego, gdzie zmuszane do zderzeń z cząsteczkami gazów, rozświetlają atmosferę feerią barw w zjawisku znanym jako zorza polarna. Teleskop Kosmiczny Hubble'a wypatrzył zorze w pobliżu biegunów zarówno Saturna, jak i Jowisza. A na Ziemi *aurora borealis* i *australis* (zorza polarna północna i południowa) okazjonalnie przypominają nam, jak dobrze jest mieć chroniącą nas atmosferę.

Atmosferę ziemską często opisuje się jako rozciągająca się na dziesiątki kilometrów warstwę ponad powierzchnią naszej planety. Satelity na niskiej orbicie okołoziemskiej zazwyczaj poruszają się na wysokości od 150 do 650 kilometrów nad powierzchnią Ziemi, wykonując jeden pełny obrót w około 90 minut. Chociaż na tych wysokościach nie da się oddychać, wciąż znajduje się tam trochę cząsteczek atmosfery – wystarczająco dużo, by powoli pozbawiać orbitalnej energii niczego niepodejrzewających satelitów. Aby pokonać ten opór, satelity na niskich orbitach muszą co pewien czas zwiększyć prędkość, jeśli nie chcą zacząć opadać ku Ziemi i spalić się w atmosferze. Alternatywnym sposobem zdefiniowania brzegu atmosfery jest odpowiedź na pytanie, gdzie gęstość jej cząsteczek gazów równa się gęstości cząsteczek gazów przestrzeni międzyplanetarnej. Przyjmując tę definicję, atmosfera ziemska rozciąga się na tysiące kilometrów.

Wysoko ponad tą granicą, w odległości 36 000 kilometrów nad powierzchnią Ziemi (w jednej dziesiątej odległości do Księżyca) krążą satelity telekomunikacyjne. Na tej szczególnej wysokości nie tylko atmosfera ziemska jest bez znaczenia, lecz również prędkość satelity jest tak mała, że potrzebuje on całej doby, aby wykonać pełne okrążenie wokół Ziemi. Na orbicie, której okres jest precyzyjnie zgrany z okresem obrotu planety, takie satelity wydają się zawieszone nad ziemią w stałym punkcie, co sprawia, że idealnie nadają się do retransmisji sygnałów z jednego miejsca na Ziemi do innego.

✷

Zasady Newtona mówią w szczególności, że chociaż wraz z oddalaniem się od planety jej siła ciążenia staje się coraz słabsza, to nie ma takiej odległości, na której oddziaływanie grawitacyjne osiągnęłoby wartość zerową. Jowisz swoim potężnym polem grawitacyjnym ściąga w bezpieczne miejsce wiele komet, które w przeciwnym wypadku siałyby spustoszenie w wewnętrznej części Układu Słonecznego. Działa on jak grawitacyjna tarcza Ziemi, jak „przypakowany" starszy brat, zapewniający naszej planecie długie (stumilionoletnie) okresy względnej ciszy i spokoju. Bez ochrony Jowisza złożonym formom życia, nieustannie zagrożonym wymarciem w katastrofie kosmicznej, ciężko byłoby osiągnąć interesujący poziom tej złożoności.

Pola grawitacyjne planet wykorzystywaliśmy do wysłania w kosmos niemal wszystkich sond. Na przykład próbnik Cassini, który złożył wizytę Saturnowi, dwukrotnie był wspomagany grawitacyjnie przez Wenus, raz przez Ziemię (w trakcie przelotu powrotnego), a raz przez Jowisza. Podobnie jak zagrania bilardowe z wielokrotnym odbiciem od bandy, równie często wykorzystujemy trajektorie od planety do planety. Bez tego prędkość i energia nadawane naszym maleńkim sondom przez rakiety nie byłyby dostateczne, aby sondy te dotarły do celu.

Stałem się odpowiedzialny za pewien fragment międzyplanetarnych resztek w Układzie Słonecznym. W listopadzie 2000 roku uhonorowano mnie – asteroida 1994KA z pasa planetoid, odkryta przez Davida Levy'ego i Carolyn Shoemaker, została nazwana 13123-Tyson. Chociaż to wyróżnienie mnie ucieszyło, nie ma żadnego szczególnego powodu, żeby się nim chełpić – jest mnóstwo asteroid noszących znajome imiona, takie jak Janina, Kamil czy Adam. Gdzieś tam są nawet planetoidy nazwane Merlin, James Bond i Święty Mikołaj. Przy tylu setkach tysięcy ich liczba może niedługo przerosnąć nasze zdolności nazewnicze. Niezależnie od tego, czy taki dzień nadejdzie czy nie, pocieszam się tym, że mój kawał kosmicznego gruzu nie jest samotny w zaśmiecaniu przestrzeni między planetami – robi to w towarzystwie długiego szeregu innych kawałów gruzu noszących imiona prawdziwych i zmyślonych ludzi.

Cieszy mnie też myśl, że przynajmniej na razie moja asteroida nie zmierza w kierunku Ziemi.

11

Egzoplaneta Ziemia

Bez względu na to, czy wolisz biegać, pływać, chodzić czy czołgać się po ziemi, zawsze możesz z bliska cieszyć oczy widokiem niezliczonej ilości rzeczy i zjawisk na naszej planecie. Możesz spostrzec żyłę różowego wapienia w ścianie kanionu, biedronkę zjadającą mszycę na łodydze róży lub wyściubioną z piasku muszlę małży. Wystarczy tylko spojrzeć.

Z okna wznoszącego się samolotu pasażerskiego te detale na powierzchni szybko znikają nam z oczu. Żadnych przystawek z mszyc. Żadnych ciekawskich małży. Kiedy osiągnięta zostaje wysokość przelotowa, czyli pułap około jedenastu kilometrów nad ziemią, wyzwaniem staje się już rozpoznanie głównych dróg. Im bardziej zbliżamy się do kosmosu, tym więcej szczegółów znika. Z okna Międzynarodowej Stacji Kosmicznej, której orbita znajduje się na około czterystu kilometrach wysokości, za dnia może uda się znaleźć Paryż, Londyn, Nowy Jork czy Los Angeles, ale tylko dlatego, że uczyliśmy się na lekcji geografii, gdzie są położone. W nocy ich rozciągnięte sieci miejskie wyraźnie świecą. Za dnia, wbrew temu, co się powszechnie uważa, prawdopodobnie nie zobaczymy piramidy Cheopsa, a już na pewno nie będzie widać Wielkiego Muru Chińskiego. Obiekty te są niewyraźne częściowo dlatego, że zbudowano je z ziemi i kamieni pochodzących z terenów, na których stoją. I mimo że Wielki Mur ma tysiące kilometrów długości, jego szerokość wynosi jedynie około sześciu metrów – jest więc o wiele węższy niż autostrady międzystanowe w USA, które są ledwie dostrzegalne już z transkontynentalnego odrzutowca.

Z orbity nieuzbrojonym okiem dałoby się zobaczyć smugi dymu unoszące się z pożaru pól naftowych w Kuwejcie w 1991 roku, pod koniec I wojny w Zatoce Perskiej, jak również dym z płonących wież World Trade Center w Nowym Jorku 11 września 2001 roku. Można też dostrzec zielono-brązowe granice pomiędzy połaciami nawodnionych i suchych pól. Poza tą krótką listą nie ma zbyt wielu stworzonych przez ludzi obiektów, które dałoby się rozpoznać z nieba z setek kilometrów nad ziemią. Można za to zobaczyć pełno obrazów przyrody, włączając w to huragany nad Zatoką Meksykańską, krę lodową na północy Atlantyku i erupcje wulkanów.

Z Księżyca, oddalonego o niemal czterysta tysięcy kilometrów, nie widać rozświetlonego Nowego Jorku, Paryża i reszty ziemskich miast, nawet jako jasnych punkcików. Z księżycowej perspektywy ciągle jednak można oglądać, jak przez naszą planetę przetaczają się główne fronty atmosferyczne. Z Marsa, kiedy znajduje się najbliżej nas, czyli w odległości około 55 milionów kilometrów, wielkie, okryte śniegiem łańcuchy górskie oraz brzegi kontynentów na Ziemi byłyby widoczne w sporym, amatorskim teleskopie. Kiedy udamy się na odległego o pięć miliardów kilometrów Neptuna – w skali kosmicznej to zwyczajnie na końcu ulicy – Słońce stanie się tysiąc razy ciemniejsze i zajmie tysięczną część powierzchni dziennego nieba, którą zajmuje oglądane z Ziemi. A co z samą Ziemią? Będzie plamką ledwie dorównującą jasnością słabo widocznym gwiazdom, praktycznie całkowicie przyćmioną promieniami Słońca.

Głośna fotografia – zrobiona w 1990 roku przez sondę Voyager 1 z odległości nieco większej niż promień orbity Neptuna – pokazuje, jak rozczarowująco prezentuje się Ziemia widziana z dalekiej przestrzeni kosmicznej; jest „błękitną kropką", jak nazwał ją amerykański astrofizyk Carl Sagan. To i tak nader łaskawe określenie. Gdyby nie podpis, można by jej w ogóle nie zauważyć.

Co by było, gdyby jacyś obdarzeni wielkimi mózgami obcy z głębin kosmosu wpatrywali się w nieboskłon swoimi naturalnie nadludzkimi organami wzrokowymi, wspomaganymi dodatkowo najnowocześniejszymi przyrządami optycznymi? Jakie cechy naszej planety zdołaliby dostrzec?

Przede wszystkim błękit. Woda pokrywa ponad dwie trzecie powierzchni Ziemi; sam Ocean Spokojny rozciąga się wzdłuż niemal całej jednej półkuli. Dowolne istoty z dostateczną wiedzą i aparaturą wystarczającą, by określić kolor naszej planety, z pewnością wydedukowałyby obecność wody, trzeciej najliczniej występującej cząsteczki we wszechświecie.

Gdyby rozdzielczość ich sprzętu była odpowiednio wysoka, obcy dostrzegliby więcej niż tylko błękitną kropkę. Zobaczyliby również misterne linie brzegowe, wyraźnie wskazujące na to, że woda jest ciekła. Bystrzy kosmici już na pewno wiedzieliby, że jeśli na planecie występuje ciekła woda, to temperatura i ciśnienie atmosferyczne muszą mieścić się w ściśle określonym zakresie.

Charakterystyczne czapy lodowe na biegunach, rozrastające i kurczące się wraz z okresowymi wahaniami temperatury także dałyby się zobaczyć w świetle widzialnym. Podobnie byłoby z dwudziestoczterogodzinnym obrotem naszej planety, ponieważ rozpoznawalne kształty kontynentów pojawiałyby się na widoku w przewidywalnych odstępach czasu. Kosmici widzieliby też pojawiające się i znikające największe układy frontów atmosferycznych; uważne obserwacje pozwoliłyby im odróżnić kształty chmur w atmosferze od zarysów samej powierzchni Ziemi.

Czas na konfrontację z rzeczywistością. Najbliższa egzoplaneta – czyli najbliższa planeta, która krąży wokół gwiazdy niebędącej Słońcem – znajduje się po sąsiedzku w układzie Alfa Centauri, odległym od nas o około cztery lata świetlne i widocznym głównie z półkuli południowej. Od większości skatalogowanych planet pozasłonecznych dzieli nas dystans od dziesiątek do setek lat świetlnych. Jasność Ziemi jest mniejsza niż jedna miliardowa jasności Słońca, a bliskość tych dwojga sprawia, że bezpośrednie zaobserwowanie naszej planety za pomocą teleskopu światła widzialnego byłoby niezwykle trudne. To jak próba wykrycia świetlika w pobliżu hollywoodzkiego reflektora. Jeśli więc kosmici już nas znaleźli, musieli dokonywać obserwacji w częstotliwościach poza światłem widzialnym, choćby w podczerwieni, w której nasza jasność względem Słońca jest nieco lepsza; może być też tak, że ich technicy stosują zupełnie inne podejście.

Może sięgają po metodę stosowaną zwykle przez ziemskich łowców planet: patrzą, czy gwiazdy nie dygocą w regularnych odstępach. Okresowe dygotanie gwiazdy zdradza istnienie na jej orbicie planety, która może być zbyt ciemna, by można było zobaczyć ją bezpośrednio. Wbrew temu, co sądzi większość ludzi, planeta nie okrąża swojej macierzystej gwiazdy. To raczej zarówno planeta, jak i gwiazda obracają się wokół wspólnego środka masy. Im cięższa planeta, tym większa musi być reakcja gwiazdy i tym wyraźniejsze jest dygotanie, gdy analizuje się jej światło. Niefortunnie dla obcych łowców planet Ziemia to chuderlak, więc Słońce pod wpływem jej ruchu ledwie drgnie, co jest tym większym wyzwaniem dla kosmitów badaczy.

*

Należący do NASA teleskop Keplera, zaprojektowany i zoptymalizowany do wykrywania planet podobnych do Ziemi wokół gwiazd podobnych do Słońca, korzysta z jeszcze innej metody detekcji, która niezmiernie wzbogaciła katalog planet pozasłonecznych. Teleskop ten poszukuje gwiazd, których całkowita jasność w regularnych odstępach czasu nieznacznie spada. Rejestrowane przez Keplera przyciemnienie gwiazdy – o drobny ułamek – wynika z przechodzenia planety przez jej tarczę, co nieznacznie przesłania widok. Tą metodą nie da się zobaczyć samej planety. Nie widać nawet żadnych szczegółów powierzchni gwiazdy. Teleskop Keplera najzwyczajniej śledzi zmiany całkowitej jasności gwiazd, ale dzięki temu dodał do spisu tysiące egzoplanet i setki wieloplanetarnych układów słonecznych. Z zebranych przezeń danych można też obliczyć wielkość planety, jej okres obiegu po orbicie i odległość od macierzystej gwiazdy. Więcej – można nawet wydedukować masę planety!

Jeśli się nad tym zastanawiasz, to gdy Ziemia przelatuje przed Słońcem – a zawsze da się znaleźć kierunek, dla którego tak się dzieje – zasłania jedną dziesięciotysięczną jego powierzchni, tym samym przyćmiewając całkowite emitowane przezeń światło o jedną dziesięciotysięczną jego normalnej jasności. Czyli tak: obcy odkryją, że Ziemia istnieje, ale nie dowiedzą się niczego o tym, co dzieje się na jej powierzchni.

Pomóc im mogą fale radiowe i mikrofale. Może nasi kosmici podsłuchiwacze dysponują czymś podobnym do pięciusetmetrowego radioteleskopu z prowincji Kuejczou w Chinach. Jeśli tak i jeśli nastroją go na dobre częstotliwości, z pewnością zauważą Ziemię – czy raczej zobaczą naszą nowoczesną cywilizację jako najjaskrawsze źródło światła na niebie. Weźmy pod uwagę wszystko, czym generujemy fale radiowe i mikrofale: nie tylko tradycyjne radio, ale także nadajniki telewizyjne, telefony komórkowe, kuchenki mikrofalowe, piloty do bram garażowych, kluczyki do samochodów, cywilne i wojskowe radary oraz satelity telekomunikacyjne. Mienimy się wręcz od fal niskich częstotliwości – co jest spektakularnym potwierdzeniem tego, że dzieje się tu coś niezwykłego, ponieważ w stanie naturalnym małe skaliste planety nie emitują żadnych fal radiowych.

Jeśli więc ci obcy podsłuchiwacze zwrócą w naszą stroną swoją odmianę radioteleskopu, mogą dojść do wniosku, że na naszej planecie zagościła technika. Jest jednak pewien problem: dane te można zinterpretować inaczej. Może kosmici nie byliby w stanie odróżnić sygnałów z Ziemi od sygnałów pochodzących z większych planet Układu Słonecznego? Wszystkie stanowią intensywne źródła fal radiowych, w szczególności zaś Jowisz. Może kosmici pomyśleliby, że jesteśmy planetą nowego, dziwnego rodzaju, emitującą silne fale radiowe. Może nie zdołaliby odróżnić sygnałów ziemskich od słonecznych i byliby zmuszeni uznać, że Słońce jest gwiazdą nowego, dziwnego rodzaju.

Tutejsi, ziemscy astrofizycy z angielskiego uniwersytetu w Cambridge podobnie nie mogli sobie poradzić w 1967 roku. Przeczesując niebo radioteleskopem w poszukiwaniu źródeł silnych fal radiowych, Antony Hewish i jego zespół odkryli coś niezwykle dziwnego: obiekt pulsujący w dokładnie powtarzających się odstępach czasu, trochę dłuższych niż sekunda. Jocelyn Bell, ówczesna doktorantka Hewisha, zauważyła go jako pierwsza.

Wkrótce potem koledzy Bell ustalili, że pulsujący sygnał dochodzi z dużej odległości. Myśl, że jest on wytworem techniki – innej cywilizacji rozsyłającej po kosmosie świadectwo swojej aktywności – była nie odparta. Jak opisuje to Bell: „Nie mieliśmy żadnego dowodu, że była to całkowicie naturalna emisja radiowa. [...] Ja tu próbuję zrobić doktorat z nowej metody, a nagle jakieś stado małych zielonych ludzików wybiera akurat moją częstotliwość do nawiązania z nami kontaktu"*. W ciągu kilku dni odkryła jednak inne powtarzające się sygnały dobiegające z innych miejsc w Drodze Mlecznej. Bell ze współpracownikami zdała sobie sprawę, że odkryli nowy rodzaj ciał niebieskich – gwiazdy całkowicie zbudowane z neutronów, które za każdym obrotem wysyłają impuls fal radiowych. Hewish i Bell przytomnie nazwali je pulsarami.

Okazuje się, że przechwytywanie fal radiowych to niejedyny sposób, by coś wywęszyć. Jest jeszcze astrochemia. Analiza chemiczna planetarnych atmosfer urosła do rangi cieszącej się dużym zainteresowaniem dziedziny współczesnej astrofizyki. Jak nietrudno zgadnąć, astrochemia opiera się na spektroskopii, czyli analizie światła za pomocą spektrometru. Wykorzystując narzędzia i metody spektroskopistów, astrochemicy potrafią wnioskować o obecności życia na planetach pozasłonecznych nawet wtedy, gdy nie jest ono rozumne ani inteligentne i nie rozwinęło techniki.

To podejście działa, ponieważ każdy pierwiastek i każdy rodzaj cząsteczek – nieważne, gdzie

* Jocelyn Bell, „Annals of the New York Academy of Sciences" 302 (1977), s. 685.

się znajduje we wszechświecie – pochłania, wysyła, odbija i rozprasza światło w niepowtarzalny sposób. Zatem, jak już mówiliśmy, gdy przepuści się to światło przez spektrometr, otrzyma się zestaw cech, które słusznie można nazywać chemicznymi odciskami palca. Najwyraźniejsze odciski zostawiają związki chemiczne najbardziej pobudzane ciśnieniem i temperaturą otoczenia. Atmosfery planetarne mają takich cech krocie. Ale jeśli planeta obfituje we florę i faunę, jej atmosfera jest bogata w biomarkery: dowody – w postaci widm – na istnienie życia. Bez względu na to, czy są one biogeniczne (wytworzone przez dowolne organizmy żywe), antropogeniczne (wytworzone przez ten wszędobylski gatunek *Homo sapiens*) czy technogeniczne (wytworzone wyłącznie przez technikę), takie pleniące się dowody trudno byłoby ukryć.

Póki nasi węszący po kosmosie obcy nie rodzą się wyposażeni w receptory spektroskopowe, póty muszą zbudować spektrometr, żeby odczytać nasze odciski palców. Przede wszystkim jednak Ziemia musiałaby przeciąć tarczę Słońca (lub jakiegoś innego źródła), pozwalając światłu przejść przez naszą atmosferę i polecieć dalej, ku obcym. W ten sposób substancje chemiczne z ziemskiej atmosfery miałyby szansę oddziaływać ze światłem, zostawiając na nim widoczne dla wszystkich ślady.

Niektóre cząsteczki – amoniak, dwutlenek węgla, woda – są we wszechświecie bardzo powszechne, bez względu na to, czy w pobliżu istnieje życie. Inne cząsteczki mnożą się jednak dopiero w obecności organizmów żywych. Takim łatwo wykrywalnym biomarkerem jest na Ziemi utrzymujący się podwyższony poziom metanu, którego dwie trzecie są wytwarzane w wyniku działalności człowieka, na przykład produkcji oleju opałowego, uprawy ryżu, ścieków oraz beknięć i bąków trzód. Do źródeł naturalnych, składających się na pozostałą jedną trzecią, należą rozkładająca się roślinność na terenach bagiennych oraz nieczystości termitów. Tymczasem w miejscach, w których swobodnego tlenu jest mało, do powstania metanu niekoniecznie trzeba istot żywych. Dosłownie w tej chwili astrobiolodzy spierają się o pochodzenie jego śladowych ilości na Marsie i gigantycznych ilości na Tytanie, księżycu Saturna, na którym – jak podejrzewamy – nie gnieżdżą się termity ani krowy.

Gdyby kosmici śledzili pogrążoną w nocy stronę naszego globu, orbitującego wokół swojej macierzystej gwiazdy, mogliby zauważyć gwałtowny wzrost sodu, spowodowany powszechnym użyciem sodowych lamp ulicznych, które na terenach miejskich i podmiejskich włączają się o zmierzchu. Najważniejszą wskazówką byłby jednak swobodnie unoszący się tlen, który stanowi całą jedną piątą ziemskiej atmosfery.

Tlen – trzeci najliczniej występujący we wszechświecie pierwiastek po wodorze i helu – jest aktywny chemicznie i chętnie tworzy związki z atomami wodoru, węgla, azotu, krzemu, siarki, żelaza i tak dalej. Wiąże się nawet z samym sobą. Żeby więc ilość tlenu utrzymywała się na stałym poziomie, musi być uwalniany w tym samym tempie, w jakim jest pochłaniany. U nas, na Ziemi, źródłem jego uwalniania są organizmy żywe. W procesie fotosyntezy, przeprowadzanym przez rośliny i liczne bakterie, powstaje niezwiązany tlen, który trafia do oceanów i do atmosfery. To z kolei pozwala żyć organizmom metabolizującym tlen, w tym nam i praktycznie wszystkim innym stworzeniom w królestwie zwierząt.

My Ziemianie znamy już znaczenie charakterystycznych chemicznych odcisków palca naszej planety. Za to dalecy kosmici, którzy się na nas natkną, będą natomiast musieli zinterpretować te wyniki i zweryfikować swoje założenia. Czy koniecznie okresowe pojawianie się sodu musi być technogeniczne? Swobodny tlen z pewnością jest biogeniczny. A co z metanem? On też jest chemicznie niestabilny i owszem – po części antropogeniczny, ale jak widzieliśmy, może też pochodzić z martwych źródeł.

Jeśli kosmici uznają, że cechy chemiczne są niezbitym dowodem życia na Ziemi, może zaczną się zastanawiać, czy życie to jest inteligentne. Przypuszczalnie porozumiewają się oni między sobą i pewnie przypuszczają, że inne inteligentne formy życia również to robią. Może wtedy postanowią, żeby prowadzić nasłuch Ziemi radioteleskopami i sprawdzić, jaką część widma elektromagnetycznego opanowali jej mieszkańcy. Czy zatem obcy dokonają badań chemicznych, czy radiowych, mogą dojść do tego samego wniosku: planeta, na której istnieje zaawansowana technika, musi być zamieszkana przez inteligentne formy życia, które mogą zajmować się odkrywaniem, jak działa wszechświat i jak stosować jego prawa dla osobistej lub zbiorowej korzyści.

Kiedy przyjrzeć się bliżej odciskom palca w ziemskiej atmosferze, ludzkie biomarkery obejmą również siarkowe, węglowe i azotowe kwasy oraz inne składniki smogu ze spalanych paliw kopalnych. Jeśli zatem ci ciekawscy kosmici stoją na wyższym poziomie rozwoju społecznego, kulturalnego i technologicznego niż my, to z pewnością takie biomarkery uznają za niepodważalny dowód na brak inteligentnych form życia na Ziemi.

*

Pierwszą planetę pozasłoneczną odkryto w 1995 roku. Kiedy to piszę, liczba egzoplanet dochodzi do trzech tysięcy. Większość z nich znajduje się w małym zakątku Drogi Mlecznej okalającym Układ Słoneczny. We wszechświecie musi ich zatem być o wiele więcej. W końcu nasza Galaktyka ma ponad sto miliardów gwiazd, a znany nam wszechświat skrywa z kolei jakieś sto miliardów galaktyk.

Nasze poszukiwania życia we wszechświecie są motorem poszukiwań egzoplanet; niektóre z nich przypominają Ziemię – oczywiście nie w szczegółach, lecz pod względem ogólnej charakterystyki. Najnowsze oszacowania, dokonane metodą ekstrapolacji na podstawie aktualnych katalogów egzoplanet, wskazują, że w Drodze Mlecznej jest czterdzieści miliardów planet podobnych do Ziemi. Są to planety, które pewnego dnia mogą zechcieć odwiedzić nasi potomkowie – z wyboru, jeśli nie z konieczności

12

Refleksje nad perspektywą kosmiczną

Spośród wszystkich nauk rozwijanych przez ludzkość Astronomię uznaje się, całkowicie słusznie, za najwznioślejszą, najciekawszą i najprzydatniejszą. Bo oto dzięki wiedzy zaczerpniętej z tej nauki nie tylko odkryta została lwia część Ziemi [...]; lecz same nasze zmysły zostają rozwinięte przez majestat myśli, które ona wyraża, a nasze umysły wyniesione ponad niskie uprzedzenia.

James Ferguson, 1757*

Na długo zanim ktokolwiek wiedział, że wszechświat miał początek, zanim dowiedzieliśmy się, że najbliższa duża galaktyka leży dwa miliony lat świetlnych od Ziemi, zanim dowiedzieliśmy się, jak działają gwiazdy i że istnieją

* James Ferguson, *Astronomy Explained Upon Sir Isaac Newton's Principles, And Made Easy To Those Who Have Not Studied Mathematics* (London, 1757).

atomy, entuzjastyczne wprowadzenie Jamesa Fergusona do jego ulubionej dziedziny nauki brzmiało wiarygodnie. Ale jego słowa, pomijając osiemnastowieczną emfazę, mogłyby być napisane wczoraj.

Któż jednak myśli w ten sposób? Komu dane jest celebrować to kosmiczne spojrzenie na życie? Nie napływowemu robotnikowi rolnemu. Nie wyzyskiwanemu pracownikowi. Z pewnością nie bezdomnemu grzebiącemu w śmieciach za jedzeniem. Do tego potrzeba luksusu czasu spędzanego na więcej niźli tylko przetrwaniu. Trzeba żyć w państwie, którego władze cenią sobie chęć zrozumienia miejsca ludzkości we wszechświecie. Trzeba społeczeństwa, w którym wysiłkiem umysłu można dojść do granic poznania i w którym nowiny o odkryciach mogą być systematycznie rozpowszechniane. Wedle tych kryteriów większość obywateli uprzemysłowionych krajów ma się całkiem dobrze.

Jednakże kosmiczne spojrzenie niesie ze sobą ukryte koszta. Kiedy przemierzam tysiące kilometrów, żeby spędzić kilka chwil w szybko poruszającym się cieniu Księżyca podczas pełnego zaćmienia Słońca, czasem tracę z oczu Ziemię.

Kiedy przystaję i rozmyślam nad naszym rozszerzającym się wszechświatem, jego gnającymi byle dalej od siebie galaktykami zanurzonymi w rozciągającej się bez końca, czterowymiarowej tkance czasu i przestrzeni, czasami zapominam, że po tej Ziemi chodzą niezliczeni ludzie, głodni i bez dachu nad głową, i że wśród nich jest nieproporcjonalnie dużo dzieci.

Kiedy ślęczę nad danymi, które dowodzą tajemniczej obecności ciemnej materii i ciemnej energii w całym wszechświecie, czasami zapominam, że każdego dnia – podczas każdego dwudziestoczterogodzinnego obrotu Ziemi – ludzie zabijają i są zabijani w imię stworzonej przez kogoś innego koncepcji boga oraz że część ludzi, którzy nie zabijają w imię boga, robi to w imię potrzeb i wymogów jakiejś doktryny politycznej.

Kiedy śledzę orbity asteroid, komet i planet kręcących piruety w kosmicznym balecie, którego choreografię opracowała siła grawitacji, czasami zapominam, że zbyt wielu ludzi żyje w niczym nieusprawiedliwionym braku poszanowania delikatnych zależności między ziemską atmosferą, oceanami i lądami, czego konsekwencji doświadczą nasze dzieci i dzieci naszych dzieci, przypłacając je zdrowiem i szczęściem.

Czasami zaś zapominam, że wpływowi ludzie rzadko robią wszystko, co w ich mocy, żeby pomóc tym, którzy sami nie potrafią pomóc sobie.

Od czasu do czasu zapominam o tych sprawach, ponieważ bez względu na to, jak duży jest ziemski świat – w naszych sercach, umysłach i na wielkich cyfrowych mapach – wszechświat jest jeszcze większy. Niektórych ta myśl przygnębia, a mnie wyzwala.

Wyobraźmy sobie dorosłego pocieszającego dziecko, które doświadczyło koszmaru rozlanego mleka, zepsutej zabawki czy zadrapanego kolana. Będąc dorosłymi, wiemy, że dzieci nie zdają sobie sprawy z tego, co stanowi prawdziwy problem, ponieważ brak doświadczenia znacząco ogranicza ich dziecięcą perspektywę. Dzieci jeszcze nie wiedzą, że świat nie kręci się wokół nich.

Czy jako dorośli odważymy się sami przed sobą przyznać, że jako zbiorowość patrzymy na świat z niedojrzałego punktu widzenia? Czy odważymy się przyznać, że nasze myśli i zachowania wypływają z przekonania, że wszystko kręci się wokół nas? Jak widać – nie. Tymczasem dowodów tego stanu rzeczy mamy w bród. Wystarczy unieść zasłonę konfliktów rasowych, etnicznych, religijnych, narodowych i kulturowych, by przekonać się, że to ludzkie ego obraca pokrętła i pociąga za dźwignie.

Wyobraźmy sobie teraz świat, w którym każdy, a w szczególności ludzie wpływowi i u władzy, ma przed sobą panoramę z naszym miejscem w kosmosie. Z takiej perspektywy nasze problemy skurczyłyby się – lub w ogóle nigdy by się nie pojawiły – i moglibyśmy cieszyć się naszymi ziemskimi różnicami, zaprzestawszy mordowania się nawzajem z ich powodu, jak mieli w zwyczaju nasi poprzednicy.

✷

W styczniu 2000 roku świeżo przebudowane Planetarium Haydena w Nowym Jorku wyświetlało kosmiczny pokaz zatytułowany *Paszport do wszechświata**, który zabierał widzów w wirtualną podróż z planetarium aż na skraj kosmosu. Po drodze publiczność oglądała Ziemię, następnie Układ Słoneczny, a potem setki miliardów gwiazd Drogi Mlecznej malejących do postaci ledwie widocznych punktów pod kopułą planetarium.

Nie dalej niż miesiąc po premierze otrzymałem list od profesora psychologii z uczelni należącej do Ligi Bluszczowej, który badał, co sprawia, że ludzie

* *Paszport do wszechświata* (*Passport to the Universe*) został napisany przeze Ann Druyan i Stevena Sotera, którzy byli również współautorami miniserialu telewizji Fox z 2014 roku *Kosmos* (*Cosmos: A Spacetime Odyssey*), a którego gospodarzem był autor niniejszej książki. Wespół z Carlem Saganem tworzyli oni również oryginalny miniserial *Kosmos* (*Cosmos: A Personal Voyage*) sieci PBS z 1980 roku.

czują się mało znaczący. Nie wiedziałem nawet, że można specjalizować się w takiej dziedzinie. Chciał on rozdawać osobom zwiedzającym planetarium kwestionariusze „przed i po", na postawie których zamierzał oceniać, jak głęboko przygnębieni są ankietowani po obejrzeniu seansu. *Paszport do wszechświata* – jak pisał – wywołał w nim najdotkliwsze poczucie małości i braku znaczenia, jakiego kiedykolwiek doświadczył.

Jak to możliwe? Za każdym razem, gdy oglądam to kosmiczne widowisko (i inne, które stworzyliśmy), czuję się ożywiony, pełen zapału i w łączności ze światem. Czuję się również wielki, wiedząc, że procesy zachodzące w niespełna półtorakilogramowym ludzkim mózgu pozwoliły nam zrozumieć nasze miejsce we wszechświecie.

Pozwolę sobie stwierdzić, że to nie ja, lecz ów profesor błędnie pojął przyrodę. Zacznijmy od tego, że miał bezpodstawnie wysokie mniemanie o sobie, rozdmuchane rojeniami o swoim znaczeniu i karmione kulturowymi założeniami, że istoty ludzkie są ważniejsze niż wszystko inne we wszechświecie.

Trzeba mu natomiast oddać sprawiedliwość, że w wyniku potężnych sił rządzących ludzką zbiorowością większość z nas pozostaje pod wpływem takich właśnie założeń. Tak jak ja sam, do dnia, w którym dowiedziałem się na lekcji biologii, że w jednym centymetrze mojej okrężnicy mieszka więcej bakterii niż wszystkich ludzi na świecie od jego początku. Informacja tego typu każe się dwa razy zastanowić, kto – lub co – rzeczywiście tu rządzi.

Od tego dnia zacząłem myśleć o ludziach nie jak o panach czasu i przestrzeni, ale jak o uczestnikach wielkiego, kosmicznego łańcucha bytu, bezpośrednio – genetycznie – łączącego gatunki żywe i wymarłe i ciągnącego się przez prawie cztery miliardy lat, począwszy od czasów najwcześniejszych jednokomórkowych organizmów na Ziemi.

Wiem, co sobie myślicie: jesteśmy mądrzejsi niż bakterie.

Bez wątpienia jesteśmy inteligentniejsi od wszystkich innych stworzeń, jakie kiedykolwiek biegały, czołgały się lub pełzały po Ziemi. Ale jak wielka jest to inteligencja? Gotujemy jedzenie; uprawiamy poezję i komponujemy muzykę; rozwijamy sztukę i naukę; jesteśmy dobrzy z matematyki. Bo nawet jeśli jesteś słaby z matematyki, to i tak zapewne znacznie lepszy niż najbystrzejszy szympans, którego tożsamość genetyczna różni się od naszej w zupełnie znikomy sposób. Prymatologowie mogą próbować, ile chcą, a i tak nie nauczą szympansów dzielenia pisemnego ani trygonometrii.

Jeśli małe rozbieżności genetyczne pomiędzy nami a bliskimi nam pod tym względem małpami odpowiadają za coś, co wydaje się ogromną różnicą w inteligencji, to może ta różnica wcale nie jest tak ogromna.

Wyobraźmy sobie formę życia, której moc intelektu ma się do naszej tak jak nasza do szympansiej. Taki gatunek uważałby nasze największe umysłowe dokonania za błahe. Ich maluchy, zamiast uczyć się alfabetu na Ulicy Sezamkowej, uczyłyby się rachunku wielu zmiennych na Bulwarze Boole'owskim*. Nasze najbardziej złożone twierdzenia, nasze najgłębsze myśli filozoficzne i bezcenne dzieła naszych najbardziej twórczych artystów byłyby pracami szkolnymi, które dzieci dawałyby w domu mamie i tacie do przyczepienia magnesem na drzwiach lodówki. Stworzenia te badałyby Stephena Hawkinga (który objął katedrę należącą niegdyś do Isaaca Newtona na uniwersytecie w Cambridge), gdyż jest ciut pojętniejszy niż reszta ludzi. To znaczy? Bo

* Teoria algebr Boole'a jest gałęzią matematyki, która zajmuje się zmiennymi przyjmującymi wartości prawdy lub fałszu, oznaczane zwykle przez 0 i 1; jest ona fundamentem świata obliczeń komputerowych. Jej nazwa pochodzi od nazwiska osiemnastowiecznego angielskiego matematyka George'a Boole'a.

umie w pamięci rozwiązywać równania astrofizyki teoretycznej i wykonywać inne podstawowe obliczenia, zupełnie jak ich mały Antoś, który właśnie wrócił do domu z kosmicznego przedszkola.

Gdyby od naszego najbliższego krewnego z królestwa zwierząt dzieliła nas jakaś ogromna genetyczna przepaść, słusznie moglibyśmy napawać się naszą błyskotliwością. Mielibyśmy prawo dumać nad tym, jak bardzo odmienni jesteśmy i jak wiele nas dzieli od współistniejących z nami stworzeń. Jednak nie ma żadnej takiej przepaści. Zamiast tego jesteśmy zjednoczeni z przyrodą, nie plasujemy się ani nad, ani pod nią, ale w niej.

Jeszcze nie dość zmiękczania ego? Zwykłe porównanie ilości, wielkości i skali powinno w tym pomóc.

Przyjrzyjmy się wodzie. Jest wszędobylska i niezbędna. W zwykłej ćwierćlitrowej szklance mieści się więcej cząsteczek wody, niż takich szklanek wody we wszystkich oceanach na świecie. Każda szklanka, która przechodzi przez daną osobę i w końcu łączy się z planetarnymi zasobami wody zawiera dostatecznie dużo molekuł, żeby do każdego innego kubka na Ziemi wmieszać 1500 z nich. Nie można od tego uciec – jakaś część wody, którą właśnie wypiłeś, przeszła przez nerki Sokratesa, Czyngis-chana i Joanny d'Arc.

A co z powietrzem? Także jest niezbędne. W pojedynczym oddechu wciągamy więcej cząsteczek powietrza, niż mieści się oddechów w całej atmosferze ziemskiej. Oznacza to, że część powietrza, które właśnie zaczerpnąłeś, przeszła przez płuca Napoleona, Beethovena, Lincolna i Billy'ego Kida.

Czas na kosmiczny odlot. We wszechświecie więcej jest gwiazd niż ziaren piasku na dowolnej plaży; więcej jest gwiazd niż sekund, które upłynęły, odkąd powstała Ziemia; więcej jest gwiazd niż dźwięków i słów wypowiedzianych przez wszystkich ludzi od początku świata.

Może czas na przekrojowe spojrzenie w przeszłość? Rozpościerająca się przed nami perspektywa kosmiczna zabierze nas i tam. Dotarcie z głębin kosmosu do ziemskich obserwatoriów zajmuje światłu czas, widzimy więc obiekty i zjawiska nie takie, jakimi są, ale jakimi były kiedyś, dawno, niemal u początku samego czasu. W obserwowanym przez nas obrębie tego ostatecznego horyzontu wciąż dokonuje się kosmiczna ewolucja.

Chcesz wiedzieć, z czego jesteśmy zbudowani? I znowu perspektywa kosmiczna da nam mocniejszą odpowiedź, niżbyśmy mogli przypuszczać. Pierwiastki chemiczne wytwarzane są w płomieniach supermasywnych gwiazd, które kończą żywot w gigantycznych eksplozjach, wzbogacając zamieszkiwane przez nie galaktyki chemicznym arsenałem niezbędnym znanym nam formom życia. Jaki jest tego rezultat? Cztery najpowszechniej występujące we wszechświecie aktywne chemicznie pierwiastki – wodór, tlen, węgiel i azot – to cztery najczęstsze pierwiastki w organizmach żywych na Ziemi, a węgiel to fundament biochemii.

Nie tylko my żyjemy we wszechświecie, ale wszechświat żyje w nas.

Co więcej, możemy być nawet nie z tej Ziemi. Wnioski z kilku niezależnych obszarów badań, rozpatrywane we wspólnym kontekście, zmuszają naukowców do ponownego przemyślenia, za kogo się uważamy i skąd pochodzimy. Po pierwsze, jak już wiemy, kiedy duża asteroida wpada na planetę, to pod wpływem energii zderzenia sąsiadujące z miejscem kolizji obszary mogą odskoczyć, z impetem wyrzucając w przestrzeń kosmiczną skały. Część z nich dociera do innych planet i spada na ich powierzchnię. Po drugie, wiemy, że istnieją niezwykle wytrzymałe mikroorganizmy. Ziemskie ekstremofile potrafią przetrwać w dużym zakresie temperatur, ciśnień i promieniowania spotykanych w czasie podróży kosmicznej. Jeśli grad materii zostaje wyrzucony podczas zderzenia z planetą, na której istnieje życie, to mikroskopijna fauna może przelecieć na gapę w skalnych załomach i zakamarkach. Po trzecie, najnowsze wyniki badań wskazują, że krótko po ukształtowaniu się Układu Słonecznego Mars był mokry i być może przyjazny życiu, jeszcze zanim stało się to z Ziemią.

Łącznie wyniki te prowadzą do wniosku, że nie można wykluczyć, iż życie zaczęło się na Marsie, a potem rozsiało na Ziemi w procesie zwanym panspermią. A zatem wszyscy Ziemianie są być może – podkreślam: być może – potomkami Marsjan.

*

Poprzez wieki kosmiczne odkrycia wielokrotnie dewaluowały nasze wyobrażenie o sobie. Niegdyś Ziemia uznawana była za jedyną w swoim astronomicznym rodzaju, dopóki astronomowie nie dowiedzieli się, że jest tylko jedną z planet krążących wokół Słońca. Potem zakładaliśmy, że Słońce jest wyjątkowe, dopóki nie dowiedzieliśmy się, że niezliczone gwiazdy na nocnym niebie też są słońcami. Potem zakładaliśmy, że nasza Galaktyka, Droga Mleczna, jest całym wszechświatem, dopóki nie ustaliliśmy, że niezliczone rozmyte punkty na niebie to inne galaktyki rozsiane po krajobrazie poznawalnego wszechświata.

Dziś jakże łatwo zakładać, że poza tym jednym wszechświatem nie istnieje nic innego. A jednak wyłaniające się teorie nowoczesnej kosmologii, jak również kolejne dowody na nikłe prawdopodobieństwo tego, że coś może być jedyne, każą nam w otwartości wyczekiwać ostatniego szturmu na nasze wołanie o wyjątkowość – wieloświata.

*

Perspektywa kosmiczna wypływa z wiedzy podstawowej. Ale jest czymś więcej niż tylko wiedzą. Perspektywa kosmiczna to także rozumność i umiejętność stosowania tej wiedzy do określenia naszego miejsca we wszechświecie. Oto czym się cechuje perspektywa kosmiczna.

Perspektywa kosmiczna powstaje na granicach nauki, jednak nie jest wyłącznie domeną naukowców. Każdy może z niej skorzystać.

Perspektywa kosmiczna jest pełna pokory.

Perspektywa kosmiczna jest duchowa – nawet zbawcza – lecz nie religijna.

Perspektywa kosmiczna pozwala nam uchwycić jedną myślą to, co ogromne, i to, co małe.

Perspektywa kosmiczna otwiera nasz umysł na niezwykłe koncepcje, ale nie tak szeroko, żeby wypłynął nam mózg i żebyśmy stali się podatni na wierzenie we wszystko, co się nam mówi.

Perspektywa kosmiczna otwiera nam oczy na wszechświat, który wcale nie jest przytulną kolebką zaprojektowaną do pielęgnowania życia, lecz zimnym, odludnym i niebezpiecznym miejscem, które każe nam ponownie zastanowić się nad tym, jak ludzie są cenni dla siebie nawzajem.

Perspektywa kosmiczna ukazuje Ziemię jako drobinkę, ale drobinkę drogocenną i na razie będącą naszym jedynym domem.

Perspektywa kosmiczna znajduje piękno w wyglądzie planet, księżyców, gwiazd i mgławic, jednak wyraża też zachwyt nad prawami fizyki, które je ukształtowały.

Perspektywa kosmiczna pozwala nam spojrzeć poza nasze uwarunkowania i wznieść się ponad pierwotne potrzeby: jedzenie, poszukiwanie schronienia i spółkowanie.

Perspektywa kosmiczna przypomina nam, że w przestrzeni pozaziemskiej, gdzie nie ma powietrza, flaga nie załopocze – co wydaje się wskazówką, że być może wymachiwanie flagami i eksploracja kosmosu nie idą w parze.

Perspektywa kosmiczna nie tylko afirmuje nasze genetyczne pokrewieństwo ze wszystkimi organizmami żywymi na Ziemi, ale też ceni sobie nasze pokrewieństwo chemiczne z każdą nieodkrytą jeszcze formą życia we wszechświecie, a także nasze atomowe pokrewieństwo z samym wszechświatem.

Jeśli nie codziennie, to przynajmniej raz w tygodniu każdy z nas może rozmyślać, jakie kosmiczne prawdy pozostały jeszcze nieodkryte i czekają na błyskotliwego myśliciela, pomysłowy eksperyment lub przełomową misję kosmiczną. Możemy dalej rozmyślać, jak te odkrycia któregoś dnia odmienią życie na Ziemi.

Bez tej ciekawości nie różnimy się niczym od zaściankowego rolnika, który nie wyściubia nosa poza swój powiat, bo jego kilkanaście hektarów daje mu wszystko, czego potrzebuje. A jednak gdyby wszyscy nasi przodkowie mieli takie podejście, rolnik ten mieszkałby w jaskini i gonił swój obiad z kamieniem i patykiem w ręku.

Podczas naszego krótkiego ziemskiego bytowania winni jesteśmy dać sobie i kolejnym pokoleniom sposobność do poszukiwań – częściowo dlatego, że to dobra zabawa, ale również z o wiele szlachetniejszego powodu. W dniu, w którym przestaniemy poszerzać wiedzę o kosmosie, będzie nam grozić cofnięcie się do tego dziecinnego punktu widzenia, wedle którego dosłownie i w przenośni wszechświat kręci się wokół nas. W tym ponurym świecie uzbrojone, głodne zasobów państwa i narody byłyby skłonne działać z powodu „niskich uprzedzeń". Byłoby to ostatnie tchnienie ludzkiego oświecenia – dopóki nie narodziłaby się nowa, wizjonerska cywilizacja, która nie obawiałaby się perspektywy kosmicznej, lecz potrafiła ponownie ją przyjąć.

Podziękowania

Do grona moich niestrudzonych redaktorek językowych w latach pisania powyższych esejów należały Ellen Goldensohn i Avis Lang z magazynu „Natural History” – obie zawsze upewniały się, czy mówię, co myślę, i czy myślę, co mówię. Moim redaktorem naukowym był przyjaciel i kolega z Princeton, Robert Lupton, który w tych miejscach, gdzie miało to największe znaczenie, służył wiedzą obszerniejszą, niż sam posiadałem. Dziękuję również Betsy Lerner za sugestie dotyczące rękopisu, które pozwoliły znacząco dopracować zakres wybranych treści.

O Autorze

Neil deGrasse Tyson jest astrofizykiem pracującym w Amerykańskim Muzeum Historii Naturalnej w Nowym Jorku, gdzie zajmuje również stanowisko kierownika Planetarium Haydena. Ukończył renomowaną Bronx High School of Science, otrzymał stopień licencjata nauk fizycznych na Uniwersytecie Harvarda i doktora astrofizyki na Uniwersytecie Columbia. Mieszka z rodziną na Manhattanie.